黑洞
真是黑色的吗？

[美] 史蒂文·古布译 [美] 弗兰斯·比勒陀利乌斯 著

苟利军 郑雪莹 赵雪杉 译

U0306887

中信出版集团 | 北京

图书在版编目（CIP）数据

黑洞真是黑色的吗？/（美）史蒂文·古布泽，（美）弗兰斯·比勒陀利乌斯著；苟利军，郑雪莹，赵雪杉译. -- 北京：中信出版社，2023.3
书名原文：The Little Book of Black Holes
ISBN 978-7-5217-5222-9

I.①黑… II.①史… ②弗… ③苟… ④郑… ⑤赵… III.①黑洞－普及读物 IV.① P145.8-49

中国国家版本馆 CIP 数据核字（2023）第 023097 号

黑洞真是黑色的吗？
著者： ［美］史蒂文·古布泽 ［美］弗兰斯·比勒陀利乌斯
译者： 苟利军 郑雪莹 赵雪杉
出版发行：中信出版集团股份有限公司
（北京市朝阳区东三环北路 27 号嘉铭中心 邮编 100020）
承印者： 嘉业印刷（天津）有限公司

开本：880mm×1230mm 1/32 印张：6.5 字数：100 千字
版次：2023 年 3 月第 1 版 印次：2023 年 3 月第 1 次印刷
京权图字：01-2018-2262 书号：ISBN 978-7-5217-5222-9
定价：59.00 元

目 录

前　言

2015 年 9 月 14 日，自阿尔伯特·爱因斯坦写下广义相对论方程后几乎过去了 100 年。两台巨大无比的探测器，一台位于美国路易斯安那州，另一台位于华盛顿州，正在为探测引力波做最后的准备。突然且出人意料地，探测器记录下了一串独特的啁啾信号。如果把这串信号转化成声音，它听起来就像微弱而低沉的捶击声。

5 个月后，在对探测器记录下的数据进行了谨慎检查的前提下，LIGO（激光干涉引力波天文台）团队公开宣布了他们的探测结果。那串啁啾信号正是他们希望探测到的引力波，来自一对合并的黑洞。整个物理学界都为之沸腾，就好像我们一直都是红色盲患者，突然在某个时刻眼前豁然开朗，生平第一次看到了一朵红玫瑰。

这是一朵多么漂亮的红玫瑰啊！LIGO 团队的最佳估计表明，这个微弱的信号是 10 亿年前两个黑洞的合并产生的，它们中的每一个都约为太阳质量的 30 倍。在碰撞过程中，有相当于三倍太阳质量的能量被蒸发成了引力辐射。

黑洞和引力波都是爱因斯坦广义相对论预言的结果。广义相对论预测了在黑洞碰撞事件中，LIGO 探测器将会看到的引力波类型，2015 年 9 月 14 日记录下的啁啾信号就非常接近这个预言。引力波的第一次成功探测不仅证明了长久以来的理论猜想，也预示着引力波天文学时代的到来。LIGO 探测器实现了几十年来我们梦寐以求的愿望。现在，我们希望能探索这个盛开着惊喜之花的全新引力花园。

科学很难具有数学意义上的确定性，因此我们会问：LIGO 团队的解释有多大把握是正确的，即这个微弱的声音来自 10 亿年前两个黑洞的合并？答案是：非常确定。所有证据都与这个结论相吻合。两台探测器都记录下了这个信号，附近似乎也没有发生什么能解释这个信号的事件。对此前的探测技术来说这个信号实在太微弱了，但对现在的设备来说，它已经足够强了。双黑洞在 10 亿年前合并的假设也未与一般的天体物理学和宇宙学理论发生冲突。关键的一点是，我们有希望探测到更多此类事件去验证它。事实确实如此，LIGO 团队后来又宣布了第二例被证实的引力波事件（发生在 2015年的圣诞节）和第三例事件（发生在 2017 年 1 月 4 日）。[①] 这

---

① 截至 2023 年 1 月，LIGO 和 Virgo（室女座引力波探测器）共计探测到大约 100 例引力波事件，其中包括 20 多例的中子星合并或者中子星/黑洞合并事件。新的探测计划将于 2023 年 3 月开始。——译者注

些事件与第一次的发现大体一致，因此我们应该有充分的信心认为LIGO真的探测到了双黑洞合并事件。总而言之，我们认为现在正是天体物理学新时代的黎明时分，黑洞将在未来扮演关键角色。

在本书里，我们将从两个方面来讲述黑洞。一方面，作为天体物理的一个重要研究对象，黑洞的存在几乎毋庸置疑；另一方面，作为理论的实验室，它有助于我们锤炼对引力、量子力学及热学的理解。在第1章和第2章里，我们将以狭义相对论和广义相对论作为开场白。在之后的章节中，我们将一一讨论有关施瓦西黑洞、自转的黑洞、黑洞碰撞、引力辐射、霍金辐射和信息丢失等问题。

那么，黑洞到底是什么？从本质上说，它是一个时空区域，物质一旦被拉入这个区域，将无法从中逃逸（见图0-1）。让我们来看一下最寻常的黑洞，即施瓦西黑洞，它是以其发现者卡尔·施瓦西的名字命名的。古语说："世事有起终有落。"但在施瓦西黑洞的内部，有一个更确切的事实：没有"起"，只有"落"。不过，我们不太确定这样的"落"最终会到达哪里。从施瓦西黑洞背后的数学原理出发得出的最直截了当的假说是，黑洞核心有一个可无限压缩的物质核，落入这个核是万物的终结，也是时间的终点。这个假说很难验证，因为进入黑洞的观测者不可能回来告诉我们他看到了什么。

在更深入地探索施瓦西黑洞之前，让我们先退一步思考

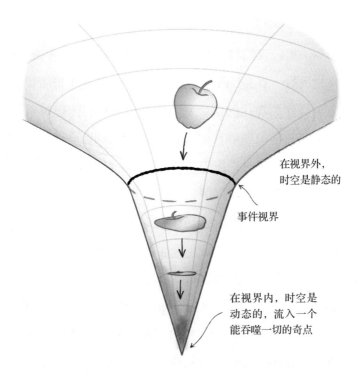

在视界外，
时空是静态的

事件视界

在视界内，时空是
动态的，流入一个
能吞噬一切的奇点

图 0-1　黑洞的几何剖面图。在视界外很远的地方，时空是平直的。随着向视界移动，时空会逐渐变得弯曲，但依然独立于时间，也就是说时空仍是静态的。然而，在进入视界之后，时空就会变成动态的了：随着时间的流逝，两个空间维度（球面几何）被压缩，而第三个维度（图中没有展示出来）被拉长，直至所有空间都被拉伸和挤压成一个无限细长的奇点

一下比较温和的引力。在地球表面，如果一个物体具有足够大的上升速度，它将飞离地球，永不回头。能够做到这一点的最小速度就是逃逸速度，如果忽略空气摩擦力，地球表面的逃逸速度大约是每秒 11.2 千米。相较而言，人类投球的速度很难超过每秒 45 米，比逃逸速度的 0.5% 还慢；大火力来复枪的子弹出膛速度大约是每秒 1.2 千米，略快于逃逸速度的 10%。所以，我们通常所说的"有起终有落"，是指用一般方法使物体上升，相对于这个强度而言，地球引力还是比较强的。

火箭是我们克服地球引力并把物体送入太空的现代手段。想要摆脱地球引力，火箭的速度无须严格地超过每秒 11.2 千米（尽管有些火箭达到了）。事实上，火箭会以一个稍低的速度飞行，并借助充足的燃料保持向上推进的状态，直至达到地球引力场明显减弱的高度。在这样的高度上，逃逸速度也会相应减小。换句话说，为了把空间探测器完全带离地球引力场，在推进器熄火后，火箭的飞行速度必须比这个高度所需的逃逸速度还快。

现在我们可能会问，如果地球的密度增大，会怎么样？因为引力场变得更强，地球表面的逃逸速度也会变大。在已知宇宙中，普通物质能形成的最致密且稳定的天体是中子星，它相当于把大约 1.5 倍的太阳质量塞进一个半径只有 12 千米的球里，尽管这个半径的测量不是非常精确。而把普通物质塞入中子星的这个极为强大的引力，其强度大约是地球引力场的 1 000 亿倍。假设一颗中子星的半径是 12 千米，那么其表面的逃逸速度大概是光速的 60%。

我们才不会就此打住呢，我们还可以做一个思想实验：进一步压缩中子星。如果将这颗中子星的半径压缩到只有 4.5 千米，它的逃逸速度就需要达到光速。而如果它的半径小于 4.5 千米，引力效应则会完全变样。这时，任何形式的物质都不可能在引力的作用下保持原样，时间的向前流逝就等同于沿着半径向内移动，逃逸是不可能的。这就是黑洞。

本书前几章的主要目的是让读者更精确地了解黑洞。我们即将探索的一个关键概念是事件视界，即黑洞的"表面"，它是几何意义上三维空间里的一个二维位置。比如，对最寻常的施瓦西黑洞而言，事件视界是完美的球形，其半径被称为施瓦西半径。黑洞视界的奇怪之处（至少根据通常的理解）在于，它不是任何具体事物的表面。在你穿过它的那一刻，你并不会感觉有什么特别之处。但如果你想转身出去，问题就来了：无论你费多大力气——用火箭、激光炮或其他任何方法，也不管外界给予你什么帮助，你都不可能再回到视界之外了，就连发出求救信号说你被困住了也做不到。打个诗意的比方，我们可以视黑洞视界为瀑布边缘，一旦进入，时空就会不可避免地跌入能摧毁一切的奇点。

黑洞远不只是一个思想实验。我们认为在宇宙中至少有两种情况会生成黑洞，一种是沿着前文中关于中子星的讨论，当大质量恒星耗尽其核燃料时，它们就会发生坍缩。坍缩的过程混乱不堪，大量物质都在爆炸时被吹入周围的宇宙空间，我们称之为超新星爆发。（实际上，一般认为超新星在将金属和其他重元素散布到宇宙的过程中扮演了关键角色。）爆发后剩余的质量足够大，以至于不能形成一个保持稳态的中子星，而会坍缩成一个黑洞，其质量至少是太阳的几倍。LIGO 团队探测到的双黑洞质量更大些，但它们很有可能也是由恒星坍缩产生的。

人们认为在星系的中心存在着质量更大的黑洞。那些黑洞到底是如何形成的，至今还是一个谜，这也许与暗物质或宇宙早期的物理过程有关，抑或是与两者都有关。星系中心的黑洞质量大得惊人，可以达到太阳质量的成千上万倍，乃至几十亿倍，[①] 通常认为银河系的中心有一个约 400 万倍太阳质量的黑洞。我们也许会感到好奇，既然没有信号能从黑洞视界中逃逸，我们又是如何知道那里有黑洞存在的？答案是：黑洞附近的物体会对它的吸引有所反应。通过跟踪研究银河系中心附近的恒星运动，我们可以肯定那里有一个质量非常大、密度非常高的天体。虽然依靠这种方法并不能证明它就是一个黑洞，但它即便不是黑洞，也必定是一个更加不可思

---

① 星系中心的黑洞质量通常至少是太阳质量的几十万倍。——译者注

议的东西。简言之，黑洞是最简单的可能，而且现在学界普遍认为，虽然绝大多数星系的中心不一定都存在黑洞，但中心潜藏着黑洞的星系也有很多。

黑洞是非常有用的理论实验室，因为和大多数天体比较，关于它的计算比较简单。而恒星则非常复杂，其内核的核反应为它们提供能量。同时，恒星内部的物质承受着高压，也会有流体动力学运动。我们虽然可以对这些情况进行数值模拟，但确实还不能完全理解它们。此外，恒星表面的动力学就像地球的天气情况那样复杂。相比之下，黑洞要简单得多。在不存在其他外部物质的情况下，黑洞的形式只会有几种明确的可能，所有这些形式都可以用求解爱因斯坦广义相对论方程得到的弯曲时空几何结构来解释。可以肯定的是，下落的物质会使事情变得复杂一些，但我们对普通物质落入黑洞的行为也有一定程度的理解。如今，我们甚至已经有了较好的关于黑洞碰撞的数值模拟，本书第6章的主要内容之一就是解释这是如何实现的，以及这对像LIGO这样的探测实验来说有什么意义。

事情的奇怪之处就在于黑洞并不黑。借助量子力学，史蒂芬·霍金证明了黑洞有一定的温度，这跟它们表面的引力相关。事实上，专门有一个名为"黑洞热力学"的研究领域，致力于研究黑洞解的几何特征与我们熟悉的热学特征（比如温度、能量和熵）之间的精确对应关系。甚至有观点认为，在宇宙遥远区域的黑洞内部会发生重叠，编码出一种名为"纠缠"的量子效应。我们将在本书的第 7 章介绍这部分内容。

黑洞持续地吸引着科学家的好奇心。天文学家一直在寻找关于自转黑洞特征的更精确的证据，现在他们热切期望与引力波天文台合作，进一步理解与黑洞合并相关的灾难性事件。这只是引力波天文学的开端，全世界正在努力建造引力波探测网络，包括美国（华盛顿州汉福德和路易斯安那州利文斯顿的两台LIGO探测器）、欧洲（Virgo和GEO600）、日本（KAGRA）、印度（LIGO India）等国家和地区。同时，弦理论物理学家从更高维度研究黑洞，不仅将其作为探索引力量子效应的方法，还将其与重离子碰撞、黏性流体和超导体等物理现象进行类比。黑洞启发我们去思考一些最奇怪的问题：有朝一日，黑洞能否为我们所用？它们的内部到底有什么？掉入黑洞究竟会怎么样？又或者，有没有可能我们已经身处黑洞之中却浑然不觉呢？

第 1 章

狭 义 相 对 论

为了理解黑洞，我们需要学习一些相对论知识。相对论分为两个部分：狭义相对论和广义相对论。爱因斯坦于 1905 年提出了狭义相对论，主要是关于物体相对于其他物体的运动理论。他还提出，观测者的运动状态会影响到观测者的空间和时间体验。狭义相对论的核心思想可以用一种被称为"闵可夫斯基时空"的优美几何形式来表述。

广义相对论在狭义相对论的基础上加上了引力理论，它是我们真正理解黑洞所需要的理论。爱因斯坦花了 10 余年的时间构建广义相对论，直至在 1915 年年末发表的一篇论文中，他才提出了最终的爱因斯坦场方程。这些方程描述了引力是如何将闵可夫斯基时空扭曲成弯曲时空的，比如在第 3 章中我们将会介绍的施瓦西黑洞时空。相较于广义相对论，狭义相对论更简单，这是因为狭义相对论没有考虑引力，也就是说，引力效应被忽略了，或者说被认为太过微弱因而不会造成显著影响。

狭义相对论提到了公式 $E = mc^2$，它将能量 E、质量 m 和光速 c 联系在一起。在所有人心目中，它或许是物理学中最著名的方程之一。这个公式使我们能够预见核武器令人震慑的强大威力，还寄托着我们开发核聚变清洁能源的希望，虽然目前尚未实现。$E = mc^2$ 也与黑洞物理学紧密相关。在我们第一次观测到的黑洞合并事件中，有相当于三个太阳质量的能量被释放出来，这是关于质量和能量守恒关系的最好例证。要想对这种碰撞的灾难性有个直观的概念，你可以想象一下，在核武器（假设当量为 400 千吨）爆炸中转化为能量的质量只有 19 克。

狭义相对论与詹姆斯·克拉克·麦克斯韦的电磁理论密切相关。事实上，早在 19 世纪后期，有关相对论时空观的早期暗示就以"洛伦兹变换"的形式出现了。洛伦兹变换解释了观测者感知的电磁现象是如何随观测者的运动而改变的。光是一种最常见的电磁现象，它是电场和磁场的"行波"（traveling wave）。麦克斯韦理论的结论之一是，光具有确定的速度。相对论就建立在光速是一个常数的基础之上，而与观测者的运动无关。

狭义相对论用参照系来描述观测者的运动。要想知道什么是参照系，你可以想象一列满载着乘客和行李的高速运动的火车。火车上的一切相对于火车都是静止的，但火车相对于地球跑得很快。假设火车正沿着一条直线以恒定的速度运动。为了完整准确地给出参照系的解释，我们应该设定不存在任何显著的引力场。比如，我们不再考虑在地球表面匀速行驶的火车，而是想象在真空中以恒定的速度飞行的宇宙飞船。在这种情况下，地球的引力场足够弱，以至于我们可以忽略它对火车的影响，只用狭义相对论即可，而不需要引入广义相对论。

如果不往车窗外面看，我们很难知道火车开得有多快。特别是在火车运行得非常平稳、轨道非常平坦、百叶窗全都合上的情况下，我们不可能知道火车正在运动。火车提供了一个参照系，乘客可以自然地运用它来判断火车内部的东西是否在运动。虽然他们无法判断（在上文描述的理想情况下）整列火车是否在运动，但他们肯定知道有人走过过道，因为这个人相对于他们的参照系在运动。此外，无论火车是否真的在运动，所有物理现象，比如掉落的球或旋转的陀螺，在火车上的观测者看来都表现得与火车静止时一样。简言之，参照系是一种观察空间和时间的方式，它与一个或一组处于匀速运动状态的观测者相关。匀速运动意味着火车不会加速、减速或转向，因为如果火车正在加速运动，乘客将会感到他们被推回座位上；如果火车正在减速运动，乘客将会感到他们被甩向前方。

现在，我们想象火车在经过一个车站时既没有加速也没有减速的情况。火车上的三位乘客艾丽丝、阿伦和艾弗里，

是正在运动的 A 参照系中的观测者。与此同时，他们的朋友
鲍勃、贝特西和比尔正站在站台上，我们把这样的一个静止
参照系称为 B 参照系。为了画出这些参照系，我们把 B 参照
系的位置作为水平轴，把 B 参照系的时间作为垂直轴，并标
示出不同的观测者在时空中的轨迹。随着时间的推移，B 参
照系的观测者总是待在固定的位置上，而 A 参照系中的观测
者则向前运动了（见图 1–1）。这个示意图实际上就是闵可夫
斯基时空，时空一词意指我们将时间与空间展现在同一幅图
中。我们也可以从一个不同的视角去看闵可夫斯基时空，即
A 参照系中的观测者相对静止而 B 参照系中的观测者向后运
动。我们稍后再谈这个视角。

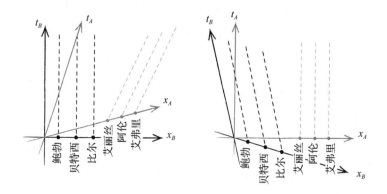

图 1–1　闵可夫斯基时空和参照系。在左图的闵可夫斯基时空里，三个观测者在 B 参
照系中是静止的，另外三个观测者在 A 参照系中是向前运动的。在右图的闵可夫斯基
时空里，B 参照系中的三个观测者是向后运动的，而 A 参照系中的三个观测者是静
止的

狭义相对论成立的前提是光速恒定，也就是说，火车上的观测者和站台上的观测者测量到的光速是一致的。否则，观测者就可以通过测量光速来判断自己到底处于哪一个参照系。但是，相对论的一个核心原则是：在任何参照系中，物理效应都应该是一样的。这样一来，你就不能从任何物理测量中分辨出你处于哪个参照系。根据这个原则，我们不能说"在这个参照系内的物体是静止的，在其他参照系中的物体则是运动的"，而只能说"任何参照系都是一样的。我们唯一能认同的关于运动的观点，就是一个观测者相对于另一个观测者的运动"。换句话说，运动状态不是绝对的，而是相对的。因此，"A参照系在运动，而B参照系为静止的"的说法不恰当。我们只能说，它们处于相对运动状态（尽管B参照系是静止的观点看上去很自然，因为我们总是考虑相对于地球的运动）。

　　我们关于相对运动的解释似乎符合常识，接下来我们应该问自己，如何从中得到关于时间和空间的本质问题的线索。问题的关键在于麦克斯韦的电磁理论。这个理论告诉我们（当然不止这些），如果火车上的艾丽丝掏出一支激光笔，朝着火车的运行方向发射一个光脉冲，与此同时，站台上的鲍勃也朝同一方向发射一个光脉冲，那么这两个光脉冲将以相同的速度向前传播。这似乎也是一个无伤大雅的说法，但事实并没有这么简单！如果我们让火车以99%的光速行驶（这显然不是美国的火车），那么鲍勃岂不是会测量到艾丽丝发射的光脉冲速度几乎是光速的两倍？毕竟，艾丽丝相对于鲍勃以99%的光速向前运动，她发射的光脉冲又相对于她以光速向前传播，因此鲍勃似乎会测量到她发射的光脉冲以199%的光速前进。但根据电磁理论，这又是不可能的！事实上，鲍勃会测量到光脉冲相对于他的运动速度，与艾丽丝测量到的光脉冲相对于她的速度相等，正好都是光速。

这怎么可能呢？原因在于，艾丽丝和鲍勃测量时间流逝的方式不同，他们测量长度的方式也不一样。其中的细节就隐藏在洛伦兹变换的数学表达式中，洛伦兹变换能将A参照系中的时间和长度转换成B参照系中的时间和长度。闵可夫斯基时空中的洛伦兹变换可以很容易地用图表示出来。在洛伦兹变换前（见图1-1的左图），我们可将B参照系视为静止的，将A参照系视为运动的。而在洛伦兹变换后（见图1-1的右图），A参照系是静止的，而B参照系是向后运动的！洛伦兹变换仅仅是观察视角的变化：一个是鲍勃将他的参照系看作静止的视角，另一个是艾丽丝将她的参照系看作静止的视角。

洛伦兹变换的主要结论包括时间延缓和长度收缩。我们先解释时间延缓，因为它更容易描述。假设在一个星期五的中午，你要从美国新泽西州的普林斯顿站上火车。为方便起见，我们将这个时间和地点对应于闵可夫斯基时空的原点，

即 t 轴和 x 轴的交叉点。经过普林斯顿火车站的有快车和慢车，快车向北去往纽约，慢车向南去往费城，你可以自行决定搭乘哪一列。你要做的事情是，看表计时，坐恰好一个小时的火车，然后下车标记你所在的位置。很明显，如果你乘坐的是快车，就会走得更远。要知道，当你乘坐的火车速度是原来的两倍时，你走过的路程也将是原来的两倍。事情的微妙之处就在于，搭乘火车的一个小时是你用自己的表度量的，而火车的速度是由相对于地面静止的观测者测量的，他们的表记录下的时间会和你的表有差异，因为他们与你处在不同的参照系中。

那么，你一个小时后会抵达哪里？或者说，如果你和你的一群朋友分别乘坐不同的火车（同时离开普林斯顿站），你们一个小时后将到达何处？答案是，你们都会处于闵可夫斯基时空中的双曲线上（见图 1–2）。换句话说，双曲线是一个小时后所有可能抵达位置的集合。其中一个可能的位置是下午 1 点的普林斯顿站，如果你在一辆静止的火车上坐一个小时，你就会"到达"时空中的这个点。在这样的情况下，你到达这个点的时间自然是下午 1 点，因为你的参照系与普林斯顿站的参照系相同，你的表和车站的时间也一致。但如果你登上了一列去往其他地方的火车，你的表就会比车站的时间走得慢，当你结束了一个小时的旅途时，到达车站的实际时间会比你以为的要晚，这种效应就是时间延缓，在闵可夫

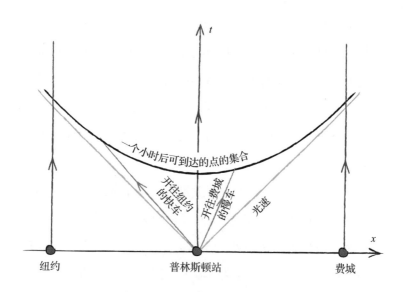

图 1-2 从普林斯顿站出发的列车，在一个小时后可到达的所有点构成的曲线是双曲线

斯基时空中以双曲线的形式表示。当你离出发地点越来越远时，双曲线也会越来越向时间轴的上方弯曲。[①] 所以，闵可夫斯基时空有时也被称为双曲几何。

在闵可夫斯基时空中，我们用与时间轴的夹角正好为 45 度的斜线表示光的恒定速度。你会发现，由一个小时旅程的所有可能的终点构成的双曲线，完全位于从原点发出的两束光线围成的时空区域内。由此可见，在闵可夫斯基时空中，没有火车能比光跑得快。

看起来我们对时间延缓的讨论好像与洛伦兹变换没有多大关联。为了展示它们之间的关联，我们将火车的参照系设为 A，将地球的参照系设为 B。假如艾丽丝每天在 A 参照系中花一个小时从普林斯顿站乘火车去往纽约，与此同时，鲍勃和他的朋友们仍然相对地面静止，他们该如何知晓艾丽丝的抵达时间？打电话不太有效，因为艾丽丝的电话信号只能以光速传播，鲍勃和他的朋友们必须根据他们接到她的电话的时间、信号的速度和到纽约的距离计算艾丽丝的抵达时间，这实际太复杂了。所以，鲍勃想出了一个更好的办法，他和他的一个朋友（比如比尔）同步了他们的手表时间。鲍勃和比尔分别在普林斯顿火车站和纽约火车站工作，鲍勃负责测量艾丽丝离开的时间，比尔负责测量艾丽丝的抵达时间。这

---

① 在从普林斯顿到纽约的旅途中，到站时间大约只比你认为的时间晚 $1/10^{11}$ 秒。因此，时间延缓并不会让你上班迟到。

样一来，就不需要打电话了。在遥远的观测者之间精确地同步手表时间似乎有些不易，但有一个很好的办法是，在艾丽丝登上火车之前，鲍勃和比尔都来到普林斯顿火车站和纽约火车站的中点位置，同步他们的手表时间，然后两人再以相同的速度回到各自的车站。

在以上关于艾丽丝旅途的叙述中，A参照系显然是特殊的，因为艾丽丝不需要任何朋友的帮助就可以测量她的整个旅程的时间，而鲍勃和比尔必须合作才能完成这项工作。艾丽丝测量的时间间隔被称为"固有时"（proper time），因为艾丽丝在她的参照系（A参照系）中一直处于固定的位置，而鲍勃和比尔测量的时间间隔（B参照系）总是大于固有时。时间延缓是A参照系与B参照系关于时空视角的关联性的部分体现，因为A参照系和B参照系之间的洛伦兹变换包含了时间延缓和其他一些效应。

类似的讨论还可以用来描述长度收缩。让我们想象一下，鲍勃、比尔和艾丽丝不再乘火车了，而是去参加奥运会。艾丽丝希望自己能在撑竿跳高比赛中创造新的纪录，她的制胜秘诀是跑得非常快，速度可以达到光速的87%。（出于某种原因，她还是把100米短跑比赛的冠军头衔让给了博尔特，尽管她认为自己可以凭借少于0.4微秒的时间创造该比赛项目的世界纪录。）艾丽丝选择了一根6米长的竿，虽然这比大多数撑竿跳高运动员用的竿都长，但她毕竟是非常特殊的选手。

鲍勃和比尔不相信艾丽丝的竿真有那么长，所以他们打算在艾丽丝水平地拿着她的竿沿跑道快速奔跑的过程中进行测量。显然，这是一项困难的任务。怎样才能完成测量呢？他们想出了一个办法。他们先同步了手表时间，然后站在相距不到6米的地方。两人约定在某一时刻看一眼艾丽丝，并记录下各自看到了竿的哪一部分。经过多次尝试，他们设法让鲍勃看到的是竿的后端，而比尔看到的是竿的前端。然后测量两人之间的距离，结果显示他们相距3米，因此他们断定艾丽丝的竿只有3米长。他们向艾丽丝说明了他们的发现，但艾丽丝反驳说他们肯定弄错了。艾丽丝向她的两个朋友阿伦和艾弗里寻求帮助，他们两人都跟着她跑（显然他们也是优秀的短跑运动员），并在她的参照系中测量竿长。结果，阿伦和艾弗里发现艾丽丝的竿确实有6米长。

A参照系在这次讨论中再次凸显了其特殊性，因为它是唯一与艾丽丝的竿保持相对静止的参照系。在A参照系中测得的长度被称为"固有长度"（proper length），而在B参照系中测得的长度往往会变短，这种效应被称为"长度收缩"。时间延缓和长度收缩密切相关，我们可以继续想象，艾丽丝离开运动场前往酒吧。在她的世界里，去酒吧需要花半个小时，同时鲍勃和比尔会用我们之前提到的，测量艾丽丝乘火车去纽约所需时间的方法测量时长。这时时间延缓涉及一个因子2，即艾丽丝的冲刺速度达到了破纪录的87%的光速。长度收缩也涉及一个因子 2，即 A 参照系中的观测者说她的竿有 6 米长，而 B 参照系中的观测者说她的竿只有 3 米长。总的来说，时间延缓和长度收缩总是涉及相同的因子，有时我们称这个因子为洛伦兹因子。

到目前为止，我们关于狭义相对论的时空几何结构的讨论，似乎与公式 $E = mc^2$ 毫无关联。现在，我们通过考虑 $E = mc^2$ 的部分推导过程尝试建立这一联系，其中最重要的步骤可以用几何语言来描述。只进行部分推导的原因在于，它会涉及一些未经本书充分论证或推导的公式。

第一步，我们用一个公式来说明质量到底是什么。此处最适用的公式是 $p = mv$，其中 p 是动量，v 是一个质量为 m 的物体缓慢运动的速度。$p = mv$ 的关系可以从牛顿力学中直接得到，当 v 远小于光速时，该公式是成立的。第二步，与能量建立联系。在这里，我们要不假思索地使用另一个电磁学公式：光脉冲的动量 p 与它的能量 E 之间的关系为 $p = E/c$。我们已经知道，光是特殊的物质，因为它在任何参照系中都以恒定的速度运动，这和有质量物体的行为方式大不一样。在给定的参照系中，有质量物体可以静止不动，也可以以一定的速度 v 运动，但由狭义相对论可知，这个速度必须始终小于光速。

现在，我们知道了一个有质量物体的动量（$p = mv$）和一个光脉冲的动量（$p = E/c$）。我们不能简单地让这两个动量相等，因为有质量物体与光脉冲是不同的。我们需要做的是，寻找一个通过光脉冲构建有质量物体的动量方程的方法，然后用动量方程推导出 $E = mc^2$。

以下是我们的主要思路。我们安放两面可以完美反射的镜子，让它们彼此面对面，并让两束完全相同的光脉冲以完全相反的方向在镜子之间来回传播（见图 1–3）。我们认为，这个装置等效于一个有质量物体。假设镜子非常轻，以至于我们可以忽略镜子的质量和能量。这样一来，整个装置的能量就是单束光脉冲能量的两倍。该装置的动量恰好为零，因为一束光脉冲有向上的动量，另一束有向下的动量，它们相互抵消了。所以，系统整体并没有向上或向下的动量，只是其中一部分在运动。

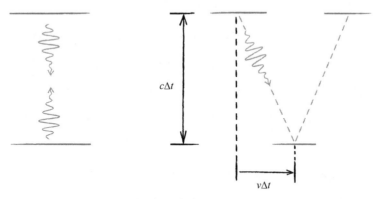

图 1–3　镜子与光脉冲装置。左图表示两束完全相同的光脉冲以完全相反的方向在两面镜子之间传播。右图表示镜子以速度 v 向右移动。光脉冲从一面镜子移动到另一面镜子所需的时间是 Δt，光脉冲传播的纵向距离大约是 $c\Delta t$，横向距离是 $v\Delta t$

为了推导出 $E = mc^2$，我们需要让这个奇妙的装置整体动起来。我们将通过跟踪其中一个光脉冲来简化这个问题，因为如果我们同时跟踪两个光脉冲，就会得到双倍的能量和双倍的质量。而且，只跟踪一个光脉冲能够简化我们关于装置相对于光脉冲是向上还是向下运动的讨论。一旦装置开始运动，光脉冲就不再只是上下传播，它还会有向左或向右的运动。这就需要用到几何学知识了，光脉冲的横向运动速度是 v，纵向运动速度是 c（实际上，它的纵向运动速度会略小于 c，因为光脉冲的总速度是 c。但在我们需要的精度下，可以忽略这个细节）。另一种表达方式是，光脉冲有 v/c 的运动属于横向运动。所以我们有理由认为，横向动量 $p_{横向}$ 就是 v/c 乘以它的总量 $p = E/c$，即 $p_{横向} = Ev/c^2$。我们现在认为 $p_{横向} = mv$ 是合理的，因为 $p_{横向}$ 是装置总动量的横向分量。如果将两种 $p_{横向}$ 的形式结合起来，就会得到方程 $Ev/c^2 = mv$，化简后可得 $E = mc^2$！

有人可能会反对说，这个用光和镜子组成的装置，和我们日常生活中的物体可不一样。然而，这种说法并不完全正确。质子和中子构成了绝大多数日常物质的质量，可以近似地认为它们是很小的时空区域，三个几乎无质量的夸克以接近光的速度在其中四处反弹。如果这是事实，质子的质量将完全来自其组成成分夸克的运动，就像光和镜子的整体质量来自光脉冲一样。但事实并没有这么简单：夸克之间有强烈的相互作用，这些相互作用为质子的总能量和总质量做出了显著的贡献。尽管如此，大多数日常物质的质量来源还是与我们的光镜分析更相关，而与物质基本成分的固有质量关系不大。

我们越深入地研究狭义相对论，就会越清晰地看到，麦克斯韦的电磁理论是它的重要前导，不仅如此，麦克斯韦电磁学在许多方面也是广义相对论的前导。现在让我们简述一下令人惊叹的麦克斯韦电磁理论，作为本章的结尾。

在电磁学得到适当的发展之前，人们所理解的正、负电荷之间的吸引力，就如同牛顿理解的地球和太阳之间的引力一样。简言之，他们都没有真正理解其中的原理。牛顿自知这一点，他表达过希望理解万有引力起源的诉求："我还没有从实验中发现产生重力这些特性的原因，但我预想不需要任何假设。"当然，牛顿建立了一个非常强大的定律，对引力的强度做出了定量描述，即引力与引力体之间的距离平方成反比。正、负电荷之间的吸引力也遵循类似的平方反比律。但让他和他的众多后继者感到困扰的是，为何力可以跨越距离产生作用。换句话说，令他们感到奇怪的是，一个物体受到的作用力竟然是由另一个遥远物体的存在产生的。迈克尔·法拉第解决了这个难题。根据他的想法，一个带电物体会形成电场并对电场产生感应，电场分布在空间中，符合麦克斯韦方程组（见图1-4）。

在法拉第的理论中，负电荷并不会直接吸引正电荷。负

图 1-4 电场与磁场。左图展示了负电荷周围的电场 E 都指向该负电荷。右图展示了一个载着电流 I 的导线会产生一个环绕它的磁场 B

电荷会在其周围产生指向自身的电场，电场又会吸引距负电荷有一定距离的正电荷，最终将正电荷拉向负电荷。同样地，我们可以说，正电荷周围的电场都指向背离它的方向，这种电场将负电荷拉向正电荷。而且，这两种效应会同时发生。如果观察对象只是电荷，我们将得出（正确的）结论：它们感受到了大小相等而方向相反的力，这种力把它们拉到了一起。而法拉第的观点是，电力只有借助电场的作用才会产生，而与产生电场的电荷无关。

对于磁力和磁场，我们也可以得出类似的结论。在不讨论细节的情况下，运动电荷形成磁场并对磁场产生感应，磁场的分布由麦克斯韦方程组表示。一个非常重要的例子是载有电流的导线周围形成的磁场。电流其实就是导线内部微观尺度上的电荷运动，这也符合移动电荷产生磁场的一般规律。

与电力一样，磁力的强度也与产生磁场的运动电荷无关。为了理解这句话的意思，我们可以考虑一下麦克斯韦使用过的装置，他正是利用这套装置得出了最终的电磁场方程组。

让两块金属板彼此平行、互不接触，并在每块金属板上连接一根导线，这种装置被称为电容器。电流会从一块金属板流入，从另一块金属板流出。这种流动使得一块板上的正电荷越来越多（实际上，是这块板上的电子越来越少），另一块板上的负电荷越来越多（电子越来越多）。随着两块金属板之间的电荷不平衡性不断增加，电场就产生了。电场从带正电的金属板指向带负电的金属板，随着金属板上电荷的增多，电场的强度也不断增大。

我们知道在载有电流的导线周围会形成磁场，因此在向电容器输送电流的导线周围也会形成磁场。但两块金属板之间没有电流，有人可能会由此天真地认为这两块板之间不存在磁场。然而，麦克斯韦发现这与他对电容器的理解不符，并提出了一个惊人的解决方案：一个不断增强的电场，能以和电流相同的方式产生一个环绕它的磁场。这个想法是相当重要的一步，它超越了最初的电荷产生电场的概念，让我们意识到场也能产生场。

事实上，法拉第早就知道，一个不断增强的磁场会产生一个环绕它的电场，这基本上就是发电机的工作原理。在麦克斯韦方程组的 4 个方程中，有两个描述了电场和磁场之间相辅相成的关系；另外两个方程更简单，它们表明了磁场没有源或汇，而电场唯一的源或汇是正电荷和负电荷。所有的麦克斯韦方程都是微分方程，这意味着它们描述了电场和磁场随时间或空间的变化，并取决于在极小的时空邻域内场的行为方式。麦克斯韦方程组中没有超距作用，所有东西都是因为周围场的相互作用而形成的。

麦克斯韦最大的成功在于，他的方程暗示了光的存在。正如麦克斯韦理解的那样，光是波动的电场和磁场的组合，电场的空间变化会引发磁场的时间变化，反之亦然。麦克斯韦方程组中的物理常数描述的是电磁相互作用的强度，但当它们以正确的方式结合在一起时，便会给出光速的数值，这可以通过实验来验证。

在接下来的章节里，我们将了解到电磁学和广义相对论之间的两个关键联系：它们都涉及法拉第的场概念，都用微分方程来解释场的行为，并暗示了某种形式的辐射。在电磁辐射中，电场产生磁场，反之亦然，以自持级联的方式穿过麦克斯韦方程组描述的时空。这种级联过程具有一个特征波长，电场和磁场的强度会从零增至一个最大值然后减至零，再从零增至另一个最大值然后减至零。可见光是波长约为 0.5 微米的光，随着波长越来越长，光就成了红外线、微波和无线电波；而波长越来越短的光则是紫外线、X 射线和伽马射线（见图 1–5）。

爱因斯坦发现引力作用的规律和电磁作用类似，这正是广义相对论的主要内容。爱因斯坦方程中的引力场比电场和磁场更奇怪：它们本质上就是时空弯曲。另一个出人意料

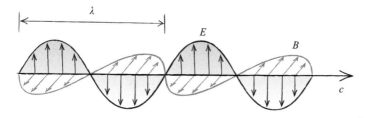

图 1-5　光是变化的电场和磁场在空间中的传播,它们都以光速 c 朝着同一方向运动。就本书实际印刷的这张图的尺寸来说,波长 λ 为几厘米,属于微波,它比家用微波炉的波长要短一点儿

的地方在于,广义相对论可以用纯粹几何学来描述大质量物体。这一点与电磁学非常不同,电荷在整个电磁学中始终是基本元素。这些可由纯粹几何学描述的大质量物体,就是黑洞。

第 2 章

广 义 相 对 论

在狭义相对论中，时空是一个空的舞台，观测者和光线穿行其中。只要记住固有时、固有长度、时间延缓和长度收缩等概念，我们就可以清楚地谈论两个事件之间的时间间隔，或者两个物体之间的距离。所有运动都是相对的，这一核心思想让时空显得更加空旷。如果有某种"存在"——某种静止的"以太"（ether）——可以填满所有时空，我们就能将以太当作静止参照系，描述物体相对于以太是静止的还是运动的，并发展出绝对运动的概念。①

广义相对论与狭义相对论的情境截然不同。时空是主要角色，它会对大质量物体的存在产生响应；或者说，受形式为 $G_{\mu\nu} = 8\pi G_N T_{\mu\nu}/c^4$ 的爱因斯坦场方程的控制，时空将变得弯

---

① 以太听起来似乎不太切合实际，但在历史上人们曾严肃地讨论过这个概念。事实上，LIGO 探测器的设计与迈克耳孙干涉仪的结构有很大的关联。19 世纪末，迈克耳孙干涉仪被用来精确地测量光在不同方向上的速度，从而辨识地球相对于以太的运动。

曲。我们先来看看该方程式中的那些符号是什么意思：下标希腊字母 μ 和 ν 是张量指标，它们让我们一下子写出了 10 个不同的场方程；爱因斯坦张量 $G_{\mu\nu}$ 描述了时空曲率；应力–能量张量 $T_{\mu\nu}$ 描述了物质的存在，在真空中，$T_{\mu\nu} = 0$；牛顿引力常量 G_N 描述的是物质对时空的影响程度；c 依然是光速；8π 因子（其中 $\pi = 3.141\ 59\cdots$）是一个不太重要的常数。我们完全可以重新定义 G_N，使它能够包含 8π 因子。但我们没有这么做，因为牛顿的引力理论中也包含 G_N，现在才来改变它的含义已经太晚了。

作为学习相对论的学生，我们也许会问，在给时空分配了如此活跃的角色的情况下，广义相对论如何包含了狭义相对论？答案是：在大多数情况下引力都非常微弱。如果完全忽略引力，我们就可以回到没有曲率的闵可夫斯基时空。在闵可夫斯基时空中，狭义相对论是有效的，特别是闵可夫斯基时空能在洛伦兹变换前后保持不变，这就从数学的角度说明了所有参照系都是等价的。而在引力存在的情况下，这些参照系变得不再等价（至少在狭义相对论的一般意义上），因为引力源会使其中的一个参照系变得特殊。你可能还记得，我们在前文中描述鲍勃的 B 参照系是静止的时候（实际上，它只是相对于地球静止），就已经提到了这一点。

即使在引力存在的情况下，我们也可以在时空的小区域内使用狭义相对论。这是因为弱引力对时空的弯曲效应很小，如果我们关注的物体或事件在时间和空间上足够接近，就可以近似地认为它们处在一个平直时空中。打个比方，想象一颗子弹穿过一个正从树上掉下来的苹果（见图 2–1）。我们承认，引力的作用最终会使苹果以一定的速度落到地面上。但在子弹穿过苹果的极短时间里，重力加速度很弱，不会对整个过程产生显著影响。如果我们想知道子弹穿过苹果时的固有时和时间延缓，用狭义相对论就足够了。

如果想了解在引力很强的情况下结果会有什么不同，你可以想象一颗飞向黑洞的子弹。它不会打穿黑洞！一旦子弹穿过事件视界，它就消失了，也不会有残片从黑洞的另一侧飞出来。这并不是因为黑洞太大，即使对一个视界只有苹果大小的黑洞来说，情况亦如此。黑洞是高度弯曲的时空区域，它们绑架了所有落入其中的物体的未来。（顺便说一下，一个视界大小和苹果相当的黑洞，其质量大约是地球质量的 5 倍。）

最初，我们打算在引力相当弱（比如我们在地球上感受到的重力）的情况下磨砺我们对广义相对论的直觉。但仍有一些很奇怪的概念需要我们习惯，其中最明显的是，你在引力阱中的位置决定了时间流逝的快慢。在本章的结尾部分，领略完爱因斯坦方程的全部魅力后，我们将寻求强大的微分几何的帮助。只有通过微分几何，我们才能充分阐明之后几章的思想，特别是关于时空弯曲的几何结构——黑洞的概念。

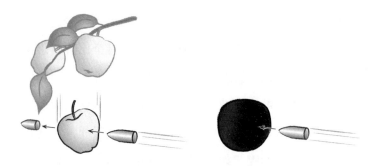

图 2-1　子弹、苹果和黑洞。左图展示了一颗子弹穿过一个正从树上落下的苹果，描述这种情形用狭义相对论就足够了，因为引力很微弱且作用的时间很短，不会造成什么影响。右图展示了一颗子弹正在飞向一个视界只有苹果大小的黑洞，这颗子弹将永远不会从黑洞的另一侧飞出来

　　我们将尽可能地从电磁学中获得一些启示，以便进一步探索广义相对论。为此，我们应该从场的概念入手，以暗含辐射的场方程收尾。我们的最终目标——爱因斯坦场方程，是描述局域时空弯曲状态下邻近点如何相互推拉的微分方程。但处理完整、复杂的高度时空弯曲问题，恰恰是我们现在不想做的事，这就是目前我们把注意力放在"普通引力"上的原因。普通引力指的是，在所有大质量物体的相对运动速度都比光速慢得多，并且没有致密到足够形成黑洞的情况下的引力。太阳系就属于这种情况，在银河系中，除了在坍缩的恒星和银河系中心的黑洞附近，大部分地方也都如此。在讨论普通引力时，我们要求时空几乎是平直的，但又不完全平直。

　　在电磁学中，电场是最简单的场概念，它使得正电荷和

负电荷相互吸引。我们迈向广义相对论的第一步是，了解如何用类似于电场的性质来解释普通引力——这一性质在时空的各处都显得意义重大，而不只是在引力源附近。总之，我们正试图找到牛顿在描述万有引力产生时无法理解的问题的答案，"我预想不需要任何假设"。

答案就是时间本身。更确切地说，普通引力是由于引力红移而产生的，引力红移就是当你接近一个大质量物体时时间变慢的原因。罗伯特·庞德和格伦·雷布卡在 1959 年的实验中首次直接观测到了引力红移，我们将在后文中做详细介绍。引力红移效应很微弱（在地球表面只有 $1/10^9$），但它又大到足以对全球定位系统（GPS）卫星的设计产生重要影响。卫星在地球引力阱中的位置比地球表面的我们要高得多，因此它们的时钟比我们的时钟走得快。精确定时对 GPS 卫星进行高精度定位的能力而言至关重要，因此 GPS 卫星的设计仔细地考虑了相对论效应。

时间的流逝对于理解黑洞也是至关重要的。我们将在第 3 章中更详细地探讨，黑洞附近的时空是如此扭曲，以至于当你到达事件视界时，通常意义上的时间就会完全停止。只要我们不过于靠近事件视界，引力红移的具体属性也都适用于黑洞时空。在第 3 章中，我们将不断深入探索引力阱来完成我们对黑洞的解释，直到最终被黑洞中心的奇点摧毁。

在一个大质量物体附近时间会变慢的想法看起来似乎不

太可靠。我们怎么知道这确实会发生呢？它究竟为什么会对其他的大质量物体产生引力呢？庞德-雷布卡实验为第一个问题提供了一个漂亮的答案，而第二个问题的答案将最终引出关于时空测地线的关键概念。

如图 2-2 所示，庞德和雷布卡测量引力红移时使用的是光脉冲。他们从对放射性同位素的研究中得知，铁-57（一种含 26 个质子和 31 个中子的铁同位素）可以吸收和发射一种极其高频（约为 3×10^{18} 赫兹）的光子。相较而言，新泽西的 101.5 广播电台的频率则要低得多，只有 1 亿（10^8）多赫兹。1 赫兹代表每秒振动 1 次，100 万赫兹就是每秒振动 100 万次。我们可以把铁-57 当作一个每秒嘀嗒 3×10^{18} 次的小钟，这些"嘀嗒"声可以在远处观测到，因为铁-57 发射的光子能从一个地方传播到另一个地方。庞德和雷布卡将铁-57 发射的光子从一座塔（高度为 22 米多）的底部发射到顶部，通过一种可精确测量到达塔顶的光子频率的方法，他们发现塔顶的频率比塔底的频率小，而且频率的减少幅度恰好符合引力红移的预测结果。

从庞德-雷布卡实验中，我们已经可以瞥见引力红移与引力有关的蛛丝马迹。接下来，我们需要用到爱因斯坦的另一个观点（在此我们将跟随马克斯·普朗克的思路）：光子的能量与其频率成正比。当频率降低时，能量也随之减少。这实际上是有道理的，随着光子向上运动，为了克服引力，光

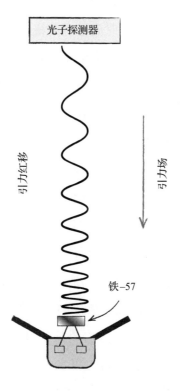

图 2-2　庞德 - 雷布卡实验示意图。由铁 -57 发射的光子逆着引力向上运动，高处的光子探测器测量光子的引力红移。该实验测得的引力红移效应远没有我们在图上展示的这么夸张

子损失了能量。但它不能通过减速来损失能量——和在狭义相对论中一样，广义相对论中的光依然以固定的速度传播。因此，光子的能量损失体现在它的引力红移频率上。

在第 1 章中了解了时间延缓的概念后，你可能会怀疑，引力红移产生的原因是物体在落入引力阱的过程中积累了可观的速度，所以引力红移就是时间延缓。但事实并非如此，引力红移与时间延缓是完全不同的两个概念。庞德和雷布卡的时钟都是相对于地球静止的。

引力红移无处不在。举例来说，只要你不是平躺在地上，你的头就会因为引力红移而比你的脚衰老得快。与时间延缓效应一样，引力红移对我们的日常生活的影响微乎其微：在你的一生中，你的头只会比你的脚年长几微秒。如果想获得明显的效果，你就必须站在比地球更强的引力源上。再举个例子，假设你可以站在距离黑洞的事件视界仅有几厘米的地方，而且这个黑洞视界的周长正好和地球的周长相当，你的脚就会比你的头老得慢得多。当然，身处这样的环境中无异于一次毁灭性的灾难。但在这里，我们只从概念上进行讨论。

我们已经知道，越靠近大质量的物体，时间的流逝速度就越慢，现在我们如何利用这一观点来解释掉落的苹果、运转的行星等更常见的引力现象呢？我们需要借用一句因被伏尔泰讽刺而出名的邦葛罗斯①的座右铭："在理想的世界中，一切都为最美好的目的而设。"与伏尔泰同时期的科学家和数学家（其中最著名的是拉格朗日）认为，就像掉落的苹果和运转的行星一样，大质量物体的运动在某种意义上是最优运动。换句话说，苹果从树枝到地面的自由落体运动，从某种意义上看，比具有相同初始状态与最终状态的其他运动都要好。拉格朗日的伟大成就便是用精确的数学语言阐述了这个思想。在他的描述中，在指定的初始状态和最终状态之间，苹果的任何可能的运动都被定义为"作用量"（action），而苹果的实际运动要么是最小化作用量，要么是最大化作用量。在任何情况下，实际运动都是数学意义上的最优运动。

对牛顿的追随者来说，拉格朗日把力学当作最优化问题的想法似乎是无稽之谈。一个无生命的物体怎么能在各种可能性中选择出最优路径呢？根据牛顿力学，物体将一直做直线运动，直到受到一个推力，物体将根据 $F = ma$ 改变运动方向，哪里会存在什么最优路径呢？奇妙的是，通过仔细构建运动物体的作用量，拉格朗日能够精准地恢复牛顿定律。不可否认，他选择的作用量不太直观，但如果我们快进到广义相对论的部分，拉格朗日公式的全部意义就会变得清晰明了。物体的作用量是跟随物体一起运动的观测者所花的时间，而

① 伏尔泰小说《老实人》中主人公的教师，一个信奉乐观主义哲学的人。——编者注

物体的实际运动是物体固有时的最优解，这就是最优固有时原则。在我们即将举的例子中，固有时是最大化的。

狭义相对论中的一个例子有助于我们进行集中讨论，它就是"孪生子佯谬"（记住，狭义相对论不涉及引力）。在孪生子佯谬中，我们假设两名观测者分别叫艾丽丝和鲍勃，他们在一开始时处于同一位置，并携带了完全相同的秒表。我们给艾丽丝一艘宇宙飞船，她的计划是从鲍勃所在的位置出发，以一个恒定的速度（假设速度是光速的 50%）飞一整天，然后掉转飞船以同样的速度回到鲍勃身边。与此同时，鲍勃待在原地无所事事。如果我们还记得第 1 章讨论过的固有时，就可以预测这次实验的结果：艾丽丝用秒表测得的这趟旅行的时间是两天，而鲍勃用秒表测得的这一时间将超过两天。事实上，旅行时间约为 2.3 天。

孪生子佯谬源于以下的错误推理。既然所有运动都是相对的，那么艾丽丝可以说是鲍勃远离了她，然后他又回来了。在她看来，难道不应该是鲍勃测得的时间更短吗？

想弄清楚这种推理错在哪里，我们需要明确艾丽丝和鲍勃之间的一个显著差别：艾丽丝在掉转飞船返回地球的过程中加速了，而鲍勃从未加速或减速。在艾丽丝的整个旅程中，我们可以让鲍勃自由地在一个空旷的地方飘浮，依据拉格朗日的观点，鲍勃的运动是"最优的"，因为它绝对自然，不需要借助任何外力。因此，鲍勃经历了一个更长的固有时是说

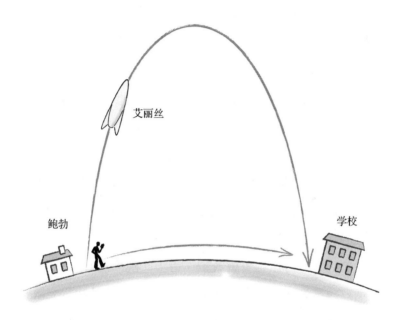

图 2-3　鲍勃一边做家庭作业一边缓慢地走向学校，而艾丽丝会在驾驶飞船的途中完成她的作业。如果艾丽丝的飞船只在一开始时加速，而在接下来的旅途中只做抛物线运动，那么她就能拥有比鲍勃更多的时间，在星期一早晨 9 点之前完成她的家庭作业

得通的。

孪生子佯谬还有一种有趣的变形，它可以将引力效应引入我们的例子（见图 2–3）。假设艾丽丝和鲍勃生活在一个引力阱中，他们俩都在那里上学。他们有一项棘手的家庭作业必须在 48 个小时内完成，即星期一早上 9 点之前。鲍勃从关于孪生子佯谬的经验中得出结论，他如果尽可能少地移动，就将拥有最多的时间来完成这项作业。因此，他一边以非常缓慢和稳定的速度走路去上学，一边做作业，并于星期一早上 9 点到达学校。而冒险家艾丽丝则认为应该开着她的飞船离开引力阱，因为如果没有引力红移，她就会有更多的时间做家庭作业。但是，她又担心在旅途中遇到时间延缓问题。

最优固有时原则告诉我们，为了实现固有时的最大化，艾丽丝应该表现得像惰性物质一样。那么，惰性物质会做些什么？好吧，我们承认它们喜欢静止不动。所以，鲍勃的计划是通过极其缓慢地走路上学，让他的运动最小化。但是，引力让事情变得不一样了。引力阱里的物质不喜欢静止不动，而喜欢往下掉。当引力存在时，鲍勃慢慢地走到学校是不自然的，除非他走在一堆在引力阱中比他所在的位置还要深的东西上。如果我们希望一大块惰性物质能够于星期六的早上 9 点从鲍勃和艾丽丝的家里出发，并且在 48 个小时后出现在他们的学校，那么我们最好把它抛出去，让它做抛物线运动，然后恰好于星期一早上 9 点掉落在学校。明白了这一点后，艾丽丝高兴地坐上了她的飞船，随着推进器的轰鸣猛地飞离了家，然后在周末剩下的时间里疯狂地做作业。①她的火箭现在就像一枚弹道导弹，这意味着除了初始的推力之外，它只受引力的作用，换句话说，它在做自由落体运动。

　　艾丽丝和鲍勃关于时间流逝的实验有助于说明爱因斯坦的等效原理，该原理的最简单形式表明，加速度与引力是很难区分的。在没有引力版本的孪生子佯谬中，艾丽丝必须加速、减速、掉头并回到鲍勃那里。但如果我们让加速过程变得缓慢、稳定而不是陡然发生，这就等同于让艾丽丝在引力场中度过她的整个旅程。与此相反，在加入了引力版本的孪生子佯谬中，艾丽丝周末一直在做自由落体运动，而鲍勃则在引力场中度过了他的周末。因此，我们看到艾丽丝和鲍勃在孪生子佯谬的两个版本中互换了角色。

　　等效原理的一个更常见的例子是乘坐电梯。当电梯加速向上时，我们会感到身体变重了，而当电梯加速向下时，我们会感到身体变轻了。如果电梯加速向上，穿过一个附近没

---

① 你可能会担心初始加速度会对固有时产生很大的影响。事实上，最优固有时原则告诉我们，关键在于比较初始位置和最终位置相同但初始速度不同的运动轨迹。为了准确地描述孪生子佯谬及其加入引力后的版本，我们应该允许艾丽丝在计时开始时有一些初始速度。同样，当她回到鲍勃那里时，她也可以有一些最终速度。她一回到鲍勃那里我们就停止计时，这样一来，我们就不必担心她如何刹车的问题了。

有引力源的真空区域，我们在电梯里的体验就将与在相对于地球静止的电梯里相同。同样，如果电梯在地球引力场中做自由落体运动，我们也会体验到与在空旷的空间里自由飘浮时一样的失重感。

回到爱因斯坦方程，让我们大胆地给时间流逝率赋予一个合适的数学名称：时移函数。换句话说，时移函数能告诉我们在任意给定空间位置上的时间流逝率。一个类似于麦克斯韦方程组的微分方程提供了一种规则，让我们可以计算任意缓慢移动的质量存在时的时移函数。只要知道了时移函数，我们就可以根据最优固有时原则，确定一个大质量物体在引力场作用下的运动轨迹。

用来计算缓慢移动质量的时移函数的微分方程，实际上是爱因斯坦方程的一个特例。还有另外 9 个类似于时移函数的函数，每一个都对应一个爱因斯坦场方程。总而言之，这 10 个函数组成了"时空度规"（spacetime metric）。时空度规是度量邻近两点之间的距离和时间流逝率的标尺，一旦开始讨论度规，我们就真正地进入了微分几何领域，即对任意曲面及更高维的弯曲几何结构的研究，包括广义相对论的弯曲时空的几何结构。

我们对普通引力的讨论可能会让你产生这样一种想法：空间是完全平直的，时间则在不同的空间区域内以不同的速度流逝。这种想法并不完全正确。事实上，在时间流逝速度较慢的区域，空间会变得有些开放。要理解这句话是什么意思，请想象一下地球被包裹在一个完美的球体中，而且这个球体的面积已经被仔细地测量过。接下来，测量球体的半径（诚然，这需要钻一个到达地球中心的洞，但假设我们的超能力恰好可以做到这一点）。在通常情况下，你会发现面积和半径满足公式 $A = 4\pi r^2$。但由于地球的存在，r 会比由面积 A 和通过 $A = 4\pi r^2$ 计算得到的 r 大一点儿，换句话说，包裹地球的球体内部的体积，会比相同表面积但内部中空的球体体积大一点儿。如果我们只关注普通的弱引力场，大质量物体周围的空间膨胀就会像引力红移一样，只是微弱的效应。事实证明，（恰当定义的）空间的膨胀量与时间的延缓量大致相同。现在看起来，我们之前对于落体的讨论似乎都是误导性的，因为我们曾假设引力红移是引力能够产生的唯一影响。我们只好说，这个相对于引力源缓慢移动的观测者，对时间延缓比对空间膨胀更敏感些，这样才能挽救我们的危局。我们必须假设我们现在处理的是普通引力，没有任何引力源致密到足以形成一个黑洞。一旦我们把这一简化的假设抛在脑后，就必须深入探究微分几何，才能理解到底发生了什么。

微分几何（至少是我们需要的那部分微分几何）以三个概念为中心：度规、测地线和曲率。所有这些都可以通过测量和地球表面一样的曲面来加以说明。度规很简单，因为它只与距离有关，或者说它至少乍看起来是简单的。从华盛顿到旧金山的直线距离大约是 2 440 英里[①]，在这里直线距离指的是，如果你沿着地球表面走（或刚好在地球表面上），从华盛顿到旧金山的最短距离是 2 440 英里。不过，如果作为空间点，这两座城市的距离就会更近些，约为 2 400 英里[②]。两者之间的细微差别来自这样一个事实：如果我们能直接穿过地球，所经距离将比在地球表面上更短；而当我们在地球表面上行进时，路径必然是弯曲的。要计算走过的总距离，比较自然的方法是先把路径分成许多小段，并将每一小段都看作直线，然后把所有小段的长度加起来。"微分"一词指的是切分和测量这些小段的过程。微分几何中度规的作用之一，就是告诉我们这些小段的长度。当我们想知道路径的总长度时，我们需要做的就是把所有小段的长度相加，这本质上是一道微积分练习题。

华盛顿和旧金山之间的测地线指的是，对在地球表面上的旅行者而言最短的路径。测地线并不是笔直的直线，但它和地球表面上最直的路一样直。我们所说的"直"，就是沿着地球表面的测地线从华盛顿去往旧金山，由此避免任何转弯。因为地球表面是弯曲的，这条最直的路线将经过比这两个城市的纬度都高的地带。一个更明显的例子是，从雅典到旧金

---

① 2 440 英里≈3 926.8 千米。——编者注
② 2 400 英里≈3 862.4 千米。——编者注

山的长途飞行走的是极地航线，事实证明，这条最短的航线需要经过格陵兰岛，其纬度比这两个城市中的任何一个都要高得多。（当然，飞机是在地球的上空而不是在地球表面上飞行；但与地球半径相比，航线的高度可以忽略不计，所以在这里我们可以认为飞机是贴着地球表面飞行的。）

在熟悉了地球表面的弯曲方式之后，曲率看上去似乎是个比较简单的概念。但是，微分几何中最常用的曲率概念实际上是个非常微妙的概念，要领略它的微妙之处，我们可以想想圆锥体和球体之间的区别。这两者都是弯曲的，但它们的弯曲方式十分不同，一张平直的纸可以在不被拉伸的情况下被卷成一个圆锥体，但如果你试图用一张平直的纸覆盖球体，你就得把纸弄皱或撕开。因此，我们说球体是"内禀弯曲"的，而圆锥体是"内禀平直"的（除了圆锥的尖顶）。球体和圆锥体都有"外在曲率"，这通常指它们都是三维空间中的曲面。而在相对论中，内禀曲率才是最重要的概念。为了重点讨论曲面的内禀曲率，我们只关注那些能通过测量曲面来回答的问题。秉持这种态度，我们说从华盛顿到旧金山的距离是 2 440 英里，至于穿过地球的那条较短路径，我们连想都不会去想。

为了更好地说明内禀弯曲的几何含义，我们应该研究一下以测地线为边的三角形（见图 2-4）。在平面二维几何中，任何三角形的内角和都是 180 度。在像地球表面一样内禀曲

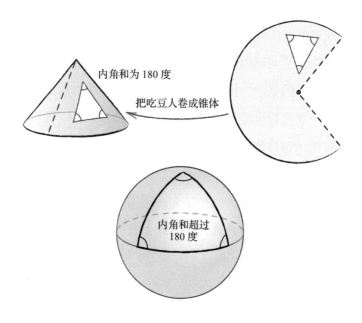

图 2-4　圆锥体没有内禀曲率，因为只要把右图中吃豆人的形状卷起来，我们就能得到一个圆锥体。因此，当圆锥体上三角形的三条边都是测地线的线段时，其内角和为 180 度。在把吃豆人卷起来之前画上同样的三角形，它的三条边是一般意义上的线段。与此相反，球体有正的内禀曲率，所以球体上以测地线为边的三角形的内角和大于 180 度

率为正的曲面上，三角形的内角和超过 180 度。而在另外一些曲面（形状类似沙漏的颈部）上，以测地线为边的三角形内角和小于 180 度，这种曲面的内禀曲率为负。

现在，我们已经介绍了微分几何的主要思想，接下来让我们看看它们是如何在广义相对论的四维时空中得到应用的。

广义相对论使用的度规比地球表面上的度规要复杂一点儿，因为它们要完成两项不同的任务。一项是确定两个空间分离事件之间的空间距离，另一项是确定两个时间分离事件之间的时间间隔。两个时间分离事件之间的时间间隔，正好是一个自由下落的观测者先后观察到这两个事件之间的时间间隔。相较之下，空间分离的事件更难概念化，因为从定义上讲，它们在空间上分离得如此远，以至于低于光速运动的观测者，不可能在他的参照系的同一位置同时观测到它们。对于静态时空（一个不随时间变化的时空），我们可以利用从一个事件处发射的信号到达另一个事件处所花的时间，定义两个空间分离事件之间的距离。度规对广义相对论而言无疑是至关重要的，因为爱因斯坦方程的解就是时空度规。我们在第 3 章和第 4 章中对黑洞的讨论，主要取决于施瓦西解和克尔解的特定时空度规。

正如前文中提到的，广义相对论中的度规包含 10 个函数，其中一个在本质上是时移函数，可以告诉我们时间流逝的速度。还有一个函数可以告诉我们空间在大质量物体存在的情况下是如何变得开放的。其余 8 个函数则描述了时空的各种弯曲，有点儿类似哈哈镜，向你展示了朝一个方向或另一个方向拉伸的图像。我们可以把这 10 个函数都塞进"度规张量"（metric tensor）中，通常写作 $g_{\mu\nu}$。注意，不要把它与爱因斯坦张量 $G_{\mu\nu}$ 搞混了！

广义相对论中的测地线也比在曲面上复杂一点儿，部分原因在于它们分为三种。第一种是类空测地线，它是两个空间分离的点之间的最短路径，类似于地球表面上从华盛顿到旧金山的直线路径。但是，观测者不能沿着类空测地线运动，因为这意味着其速度将超过光速。这似乎是无稽之谈，凭什么不能走两点之间的最短路径呢？问题在于，时空中的测地线不仅指定了你应该去的地方，还规定了你到达那里的时间。类空测地线的一个很好的例子是，在一个指定的时刻闵可夫斯基时空中两点之间的一条线段，"沿着"这条测地线运动意味着你能够在出发的同时到达，这显然是不可能的。

第二种是类时测地线，仅受引力作用的有质量物体会自然而然地沿着类时测地线运动。艾丽丝在引力场中的弹道运动就是类时测地线的一个例子，鲍勃在远离任何引力场的空间中自由飘浮则是另一个例子。当我们讨论不同版本的孪生子佯谬时，沿着类时测地线运动能让固有时最大化。事实上，任意弯曲时空中的有质量物体都应该遵循类时测地线运动，这一要求使最优固有时原则得到了充分诠释。

广义相对论中还有一种测地线，即零测地线，它是光线在弯曲时空中传播的自然轨迹。有时我们倾向于称其为"时空测地线"，以强调它们同时包含了时间和空间的信息。但大多数专业人士只称其为"测地线"，我们从现在开始也采用这种简写术语。

从二维表面进入四维时空后，曲率变得更加难以量化，但概念上仍然是相似的。当我们想知道两条测地线构成的角度时，答案可能不同于平直空间中的情况，而需要通过"黎曼曲率张量"得到。爱因斯坦张量 $G_{\mu\nu}$ 是精简版的黎曼曲率张量，它只选择受大质量物体（或者能量、动量、压力、剪应力）影响的那些时空曲率。

至少根据目前的理解，时空不会弯曲到 4 个维度以外的地方去。关于广义相对论中曲率的好问题，就是那些可以根据四维时空中的测地线来回答的问题。不可否认，当我们绘制引力效应下的弯曲时空示意图时，我们会把它表示成一张因为大质量物体的存在而向下凹陷的二维薄膜。这种描述方法使用了一个额外的维度来表示薄膜的弯曲，它展示了在一个大质量物体附近空间的开放方式。但就我们所知，现实世界只有四维，四维时空本身就是弯曲的，并不需要第五个

图 2-5　地球造成的空间弯曲，通常被描绘成空间向下凹陷。空间在一个大质量物体的附近弯曲，但曲率是内禀的，与空间本身的弯曲有关，而不是某个额外的维度

维度。[①]

爱因斯坦场方程 $G_{\mu\nu} = 8\pi G_N T_{\mu\nu} / c^4$ 一共包含 10 个微分方程，分别对应着度规张量的 10 个函数。爱因斯坦方程告诉我们，质量、能量、动量、压力、剪应力（所有这些都包含在 $T_{\mu\nu}$ 中）引起了时空弯曲。在所有的大质量物体都缓慢移动，同时压力和剪应力忽略不计的情况下，爱因斯坦场方程中最重要的就是那个与时间相关的方程：$G_{00} = 8\pi G_N T_{00} / c^4$。之所以写 G_{00} 而不是 $G_{\mu\nu}$，是因为我们现在关注的是 $\mu = 0$ 和 $\nu = 0$ 时的爱因斯坦场方程。我们通常认为，$\mu = 0$ 代表时间的方向，而 $\mu = 1$、2 或 3 则代表空间的三个方向。当我们处理普通引力时，方程 $G_{00} = 8\pi G_N T_{00} / c^4$ 就归结为前文中提到的计算时移函数的规则。换句话说，你只需要用 G_{00} 的爱因斯坦场方程，就可以完整地描述普通引力了。其余 9 个方程会在相对极端的情况下起作用，比如坍缩的恒星内部或黑洞附近。

简单地说，广义相对论的两大支柱是爱因斯坦场方程和最优固有时原则。用一句大家耳熟能详的话来说，就是物质通过爱因斯坦场方程告诉时空该如何弯曲，弯曲时空反过来又通过最优固有时原则告诉物质该如何运动。类似地，电荷通过麦克斯韦方程组告诉电磁场该如何表现，电磁场反过来又给电荷施加作用力。

---

① 很多现代理论的发展都依赖于第五维度或更多维度的存在，不过，四维时空的内禀曲率对于我们研究常见的引力作用已经足够了。

还有一种类似于电磁学的现象，即辐射。就像麦克斯韦方程组一样，爱因斯坦场方程也有一种解，它们描述了一系列以自持级联的方式穿过时空的场扰动。在电磁学中，这些场扰动是电场和磁场。在广义相对论中，它们是时空弯曲，我们可以很容易地将它们描述成在一个空间方向上的拉伸与在另一个空间方向上的压缩。运动的质量能产生引力波，就像移动的电荷可以产生光一样。引力波一旦产生，就会以光速穿越时空。实际上，它们是时空的涟漪，类似于水面的波纹。

与光一样，引力波也携带着能量，它们已经在脉冲双星系统中被间接地探测到。拉塞尔·赫尔斯和约瑟夫·泰勒因此获得了 1993 年的诺贝尔物理学奖，实际上，他们观测到的是双星系统的轨道周期正在缓慢缩短，这意味着两颗星正在相互绕转中慢慢地靠近彼此。引力辐射释放出的能量驱动了这种缓慢的旋近运动，而观测到的旋近速率与广义相对论的预言相符。LIGO 在 2015 年 9 月直接探测到引力波信号，揭示了双黑洞的类似旋近行为，这次观测必将成为 21 世纪物理学的伟大分水岭之一。

我们将在第 6 章深入探究引力辐射的相关细节。现在，让我们注意一下电磁学和广义相对论之间的一个重要区别：光波之间不会相互作用，但引力波会。比如，当两列光波相遇时，它们会直接穿过对方，并按原来的方向继续传播。相较之下，当两列引力波碰撞时，它们会相互散射，并朝着新的方向传播。对我们现有的能量探测技术而言，这种散射的趋势极其微弱，以至于今天活在世上的人或许都等不到它被成功测量的那一天。但它是广义相对论不可否认的一部分，事实上，这也是造成广义相对论与量子力学难以融合的主要原因之一。问题在于，引力波的自散射作用在极高能量下将变得很强，而我们不知道在如此强的自散射情况下应该如何应用量子理论。弦理论以优美的方式解决了这个问题，但讨论它会导致我们偏离主要目标。总之，我们已经学习了广义相对论，现在就开始探索黑洞吧！

第 3 章

施瓦西黑洞

在了解了狭义相对论和广义相对论之后，现在我们准备正面迎接黑洞的挑战了。我们先从施瓦西黑洞入手，简单地说，施瓦西黑洞描述了时空对质量点的响应。"响应"一词暗含了物质告诉时空应该如何弯曲的思想，这一思想贯穿于爱因斯坦场方程 $G_{\mu\nu} = 8\pi G_N T_{\mu\nu} / c^4$，10 个函数用数学语言描述了弯曲时空。爱因斯坦场方程表明，随意给定的 10 个函数不足以得到解；函数必须在整个空间和时间中以正确的方式变化，才能够得到场方程的解。德国天文学家和物理学家卡尔·施瓦西于 1916 年公布了著名的施瓦西解，实际上早在 1915 年 12 月他给爱因斯坦写的一封信中就提到了这个解，而此前不久爱因斯坦才完成了场方程的构建。

施瓦西解非常难以理解，它的某些要点就连爱因斯坦似乎也没有领会，特别是视界的平滑度。既然如此，这颗引力的黑珍珠又是如何轻易落入施瓦西之手的呢？

在施瓦西得到施瓦西解后又过了大约 50 年，这个解的物理意义才清晰地显现出来。我们已经解释了其物理意义的某些方面，比如没有任何信号可以从视界中逃逸，以及在视界中时间径向地指向内部。对天体物理学来说，理解大质量物体在施瓦西黑洞的引力作用下的运行轨道是非常重要的，我们将在这一章用较多的篇幅来描述这些轨道，以及在遥远的观测者看来这些轨道会是什么样子。我们也将尽可能地（在没有任何实验验证的情况下）解释，对于一个落入施瓦西黑洞的物体，我们认为一定会发生什么。最后，我们将讨论施瓦西黑洞的令人惊讶的两个特征——白洞和虫洞，它们可能与恒星发生引力坍缩形成的黑洞无关，但却是关于施瓦西解的现代理解中不可或缺的一部分。在此之前，我们先尝试直接回答这个问题：施瓦西度规是什么？

远离视界的施瓦西度规，与我们在第 1 章中介绍的闵可夫斯基度规非常相似。换句话说，遥远的时空几乎是平直的，那里的观测者用狭义相对论就可以充分描述他们的运动，以及相对运动效应，比如时间延缓和长度收缩。正如第 2 章解释的那样，因为时间延缓效应的存在，越靠近视界，时间的流逝速度就越慢。又如前言所述，时间的性质在视界处会完全改变，鉴于这种十分复杂的情况，我们暂时把注意力放在视界外的时空区域上。在那里，时间延缓可以用时移函数来描述，时移函数是施瓦西度规的组成部分之一。施瓦西度规的其余组成部分描述了引力在黑洞周围创造的三维弯曲空间。

我们可以把空间的三个维度看作一个径向方向加上两个角度方向，沿径向方向移动意味着径直远离黑洞或靠近黑洞，沿角度方向移动意味着以恒定的半径绕黑洞旋转。

　　施瓦西解中的半径可能会让人感到困惑，因为我们根本无法从黑洞的中心测量它的半径。黑洞的中心是隐藏在事件视界后的一个奇点，奇点会摧毁任何触及它的物体。计算半径的正确方式是测量以奇点为圆心的圆周长，这个圆可以完全位于视界之外，或者恰好在视界上，甚至可以在它的内部。如果在视界之外，我们可以通过一个思想实验来测量圆周长。这个实验需要很多观测者，他们分别是艾丽丝、鲍勃、比尔、布鲁斯、巴尼，还有伯特。他们分别驾驶着一艘飞船，悬停在圆周的各个点上。我们给他们每人一束激光，并额外给艾丽丝一个秒表。我们让艾丽丝向她的"邻居"（比如鲍勃）发射一束激光脉冲，同时启动她的秒表计时。鲍勃一收到艾丽丝的激光脉冲就马上转身，向比尔发出一束一样的激光脉冲，比尔收到后随即向布鲁斯发出一束激光脉冲，以此类推。最后，伯特向艾丽丝发出一个信号，她一收到就立即停止计时。将艾丽丝的秒表记录下的时长乘以光速，我们就可以得到圆周长。用圆周长除以 2π，即可得到半径（见图 3–1）。

　　在精确地将半径定义为圆周长除以 2π 后，我们可以回顾一下第 2 章描述过的一个现象：空间在时间变慢的地方变得开放了。假设我们有一个正好为一倍太阳质量的黑洞，它的

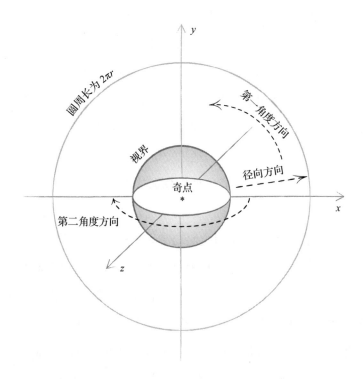

图 3-1　施瓦西解中的径向方向和角度方向。在视界外，这三个方向就是空间的三个维度。在给定的半径下，以黑洞为中心的圆周长为 $2\pi r$

视界半径为 3 千米。现在，我们来考虑以奇点为中心的两个圆：一个半径为 10 千米，另一个半径比 10 千米多 1 米。依照前文的讨论，"半径为 10 千米"指的是周长为 2π 乘以 10 千米的圆的半径；第二个稍大一点儿的圆亦如此。在平直的空间里，这两个圆之间的距离刚好是 1 米。这意味着你只需要沿径向方向向外走 1 米，就能从第一个圆走到第二个圆。而在施瓦西解中，从半径为 10 千米的圆出发，你需要走的距离会略多于 1 米，大约是 1.2 米。接下来，出现了一个很有趣的事实：因施瓦西解中引力红移而减缓的时间，其因子与描述半径被拉伸的因子完全相同。换句话说，描述时间流逝速度的时移函数与另一个度规函数成完全相关关系，这个度规函数描述的是，相对于你在平直空间中打算前进的距离，你需要向外走的额外距离。

至此，我们几乎已经解释了原始施瓦西解的所有方面，只剩下一个方面需要描述，那就是时移函数的精确形式。在远离视界处，时移函数是 1，它表示时间以我们习惯的平直时空的标准速度在流逝。视界处的时移函数是 0，它意味着一般意义上的时间在那里停止了。事实上，这是了解视界究竟是什么的一种途径。从视界到无穷远处，时移函数在 0 和 1 之间平滑地变化。它是怎么做到的？答案是：时移函数的形式是 1 减去一个常数除以半径的平方根。这有点儿拗口，让我们把它写下来：$N = \sqrt{1 - \dfrac{r_s}{r}}$。其中，$N$ 是时移函数，r 是半径，r_s 是视界的半径，被称作施瓦西半径。出于一些原因，在这里施瓦西半径等于黑洞的质量。所有这些具体的信息都是施瓦西通过求解爱因斯坦场方程得到的。

施瓦西解有一个令人不舒服的特点，那就是时移函数在视界处变为 0，相应地，径向长度也被无限拉伸。这在过去一直被视为施瓦西度规的一个弊端，事实上，它是由我们用来描述时间和半径的坐标造成的。这些坐标最适合描述悬停在视界外的固定位置上的观测者。我们讨论的时移函数还描述了引力红移，这也是对悬停在固定位置上的观察者而言的。视界处的时移函数为 0，这其实是在告诉我们，没人能在黑洞的视界处悬停。如果非要从一个不可能的视角来看，那就难怪度规如此奇异了！但如果从一个做自由落体运动并掉入黑洞的观测者的角度来描述施瓦西度规，视界处则不会有任何奇异之处。我们可以通过一种类似于洛伦兹变换的坐标变换，找出悬停的观测者和自由落体的观测者之间的差别，但这种方法更加复杂。坐标变换会将半径和时间糅合在一起，使施瓦西解在视界处变得非常平滑，只不过黑洞中心的奇点仍然存在。

施瓦西解就在我们身边，事实的确如此！地球的引力场十分近似于施瓦西度规。事实上，任何完美的球形质量分布之外的时空度规都可以由施瓦西度规精确地给出。地球是自转且不完美的球状天体，我们还会感受到其他天体（尤其是月球）的引力，所以在地球上（更准确地说，在地球表面上）

时空度规会与施瓦西度规存在一些偏差。

如果我们被施瓦西度规包围，这是否意味着黑洞视界就潜藏在我们脚下的某个靠近地球中心的地方？很幸运，答案是否定的。施瓦西解只描述了地球表面以外时空的几何结构。而在地球内部，我们需要用到爱因斯坦场方程的另一个解，它是不包含奇点的（事实上，在地球中心，时空的几何结构几乎是平直的）。在施瓦西计算出施瓦西解的年代，人们知道的所有行星和恒星都比它们对应的施瓦西半径大得多，所以他们很容易假设真实物质的性质不会让恒星致密到半径接近施瓦西半径的程度。尽管许多人多年来一直试图论证这种假设是错误的，但直到 20 世纪 60 年代这种努力都徒劳无功。不过，自从黑洞的概念进入理论物理学的主流领域，这一假设终于被推翻了。

施瓦西解的一个自相矛盾的特征是，虽然它被视为时空对质量点的响应，但实际的质量点并不是施瓦西度规求解的方程的一部分。准确地说，施瓦西度规解决的是真空中的爱因斯坦场方程 $G_{\mu\nu} = 0$，也就是说没有任何物质存在，至少在视界外如此。在视界内一直到半径为零处，施瓦西公式都可用，而且确实解决了真空中的爱因斯坦场方程。而在半径为零处，施瓦西度规变成了令人厌恶的无穷大。从任何观测者的角度看，这都令人不悦，所以这是一个比前文描述的视界处的奇异性更严重的问题。我们或许可以把这个中心奇点看作集中了黑洞所有质量的位置。但请记住，"位置"并不是恰当的词汇，"时间"更佳，因为在视界之内半径即时间，我们将在下文中做详细的解释。更有可能的是，广义相对论甚至时空几何结构本身都不能很好地描述中心奇点附近的引力，所以我们还需要借助其他一些理论，比如像弦理论那样的量子引力理论。

让我们回顾一下迄今为止我们对黑洞的描述。施瓦西对爱因斯坦场方程的求解回答了质量点如何弯曲时空的问题，其结果是时空形成了黑洞。在远离黑洞处，时空只是轻微地发生弯曲，我们可以通过时移函数来理解发生了什么。离黑洞越远，时间的流逝速度会略微变快，这时牛顿的引力理论就可以派上用场了。但这种方法在施瓦西半径处将完全失效，在那里停留的观测者测量的时间相对于远处的观测者的时间是静止的。一开始人们认为这是施瓦西解的缺陷，甚至是爱因斯坦理论的缺陷，但最终我们意识到，它想告诉我们的是，让观测者待在视界处是没有意义的。继续往里走，观测者最终会遇到曲率奇点——直到今天我们仍未完全理解它。接下来，我们将通过追问在黑洞周围运动或掉入黑洞的观测者和物体发生了什么，进一步探究施瓦西黑洞，甚至还会考虑邻近奇点的破坏性区域。

让我们从早于施瓦西解的历史说起吧。爱因斯坦知道，天文学领域的一个突出难题就是水星近日点的进动问题。近日点是行星运行轨道上最接近太阳的点。开普勒定律和牛顿引力允许水星轨道略微呈椭圆形，但是，水星椭圆轨道的长轴会与近日点一起，沿着水星的公转方向绕着太阳慢慢地进动。在爱因斯坦生活的年代，人们认为这种进动主要归因于其他行星的影响。但棘手的是，即使在考虑到牛顿引力的所有影响之后，仍然存在一个非常小的差异无法解释。为了强调这种差异是多么微小（以及 19 世纪的天文观测有多么精确），我们用以下数字来说明：水星轨道每个世纪进动 574 角秒，而牛顿力学给出的结果是每个世纪 531 角秒。余下的 43 角秒就是差异所在，这意味着水星每运行一圈，其椭圆轨道的长轴就会变化 1/35 000 度左右。在施瓦西发现爱因斯坦场方程的精确解之前，爱因斯坦已经找到了一个足够好的施瓦西解的近似解，并用它精确地解释太阳引力场中的行星运动。当他将这个近似解应用于水星轨道时，得到了与异常岁差相一致的结果。在通往 1915 年场方程最终形式的路上，爱因斯坦提出了许多正确的见解，也有一些失败的尝试，但这个结果无疑是一个灵光乍现的时刻，使他确信自己发现了正确的相对论引力理论。

借助精确的施瓦西度规，我们发现黑洞周围的许多大质量天体的运行轨道，都与牛顿引力理论推导出的椭圆轨道不同，两者之间的差异远比水星轨道的细微进动大。然而，爱因斯坦早期的计算为描述这些轨道特征做好了铺垫。让我们放弃太阳系，走向银河系的中心，那里潜伏着一个巨大的黑洞。这个怪物的质量相当于太阳质量的 400 万倍，它不是一个真正的施瓦西黑洞，而是一个旋转的克尔黑洞——一种更复杂的天体，我们将在第 4 章中介绍它。但针对目前的讨论，我们做一些大胆的想象，假设银河系中心的怪物就是一个施瓦西黑洞。同时，我们会忽略它附近可能存在的其他质量。这个黑洞的施瓦西半径大约是 1 200 万千米。我们勇敢无畏的观测者艾丽丝和鲍勃，决定将他们的宇宙飞船停在距离黑洞 1.5 亿千米的圆形轨道上，也就是地球绕太阳公转的轨道上。因为黑洞的引力比太阳的引力强得多（前者大约是后者的 400 万倍），所以艾丽丝和鲍勃沿圆形轨道的运行速度要比地球绕太阳的运行速度快得多，运行一圈实际需要花费大约 4 个小时。在这个位置上，时间延缓效应使他们的时钟比遥远的观测者慢 4%。

接下来，艾丽丝登上了一架小型航天飞机。在脱离主宇宙飞船后，她的计划是短暂地启动发动机减慢角度方向的运动，然后关掉发动机，享受狂野的旅程。与此同时，鲍勃承诺将继续留在主宇宙飞船中，观察接下来发生的事情。为了帮助鲍勃追踪她的进程，艾丽丝在自己的航天飞机上装了一个信号灯，它每秒闪烁一次黄光。

如图 3-2 所示，这个思想实验的重点在于，一旦艾丽丝关闭发动机，她的运动轨迹就将成为施瓦西黑洞时空中的测

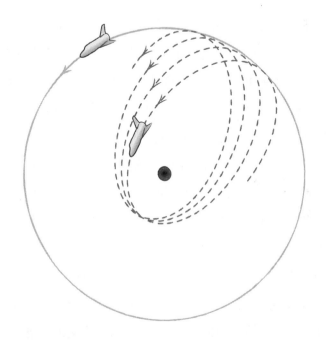

图 3-2　一个圆形轨道（实线）和一部分相对论的进动椭圆轨道（虚线）。一个非相对论性的牛顿力学轨道（未画出）将呈现为单一的椭圆，因此，我们可以认为相对论性的进动使得这个静止的椭圆随着时间旋转

地线。因为她的初始速度小于维持圆形轨道所需的速度，她的运行轨道肯定会在某种程度上向着黑洞倾斜。如果此时艾丽丝猛地启动发动机，使她的航天飞机能够完全停住，她随后的运动就是径直冲向黑洞，最后被事件视界吞噬。艾丽丝虽然是一个冒失鬼，但她也不喜欢这种结局。所以，她保留了一些初始角速度，期望可以在黑洞周围绕一圈，再滑回原来的位置并回到主宇宙飞船上；或者再次降低她的角速度，然后重新出发。

关于艾丽丝轨道的第一个要点是：轨道会疯狂地进动，越向着黑洞倾斜，进动就越多。即使是一个适中的椭圆轨道，它的进动也会比水星绕太阳运行轨道的进动大得多。因为从绝对意义上说，艾丽丝和鲍勃开展冒险活动的这个地方的引力，比太阳系中的任何地方的引力都要大得多。艾丽丝和鲍勃观测到的进动同样可以用爱因斯坦解释水星轨道进动的计算方法来解释，只不过他们得到的结果会更加显著。

在尝试过不同的轨道后，艾丽丝最终发现，她可以按自己所想来控制轨道的进动。至于她是如何做到的，请往下看。艾丽丝从主宇宙飞船出发，仔细地调整她的初始速度，使得在关闭发动机后，她的轨道可以向黑洞倾斜至最小半径处，即稍大于两倍的施瓦西半径的位置。如果她的初始速度调整得恰到好处，她会向着黑洞下降，然后绕着黑洞旋转很多圈，最后回到她出发的位置。用专业术语来说，这种运行轨道叫作"变焦–旋转轨道"（见图3–3）。艾丽丝把变焦–旋转轨道

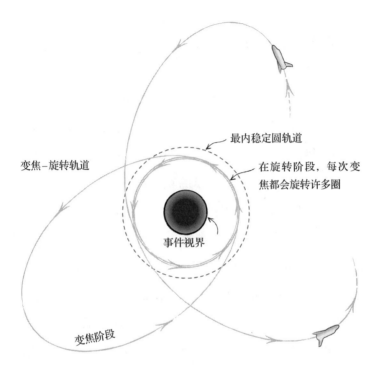

最内稳定圆轨道

在旋转阶段，每次变
焦都会旋转许多圈

变焦–旋转轨道

事件视界

变焦阶段

图 3-3　变焦–旋转轨道

看作终极过山车：她一路做自由落体运动，而在旋转阶段，她的速度非常快，大约能达到光速的 2/3。麻烦的是，艾丽丝玩的这场游戏十分危险。如果她的初始速度太小，轨道就会倾斜至两倍施瓦西半径以内的位置，她将掉入黑洞，除非她在到达视界之前借助航天飞机发动机的紧急加速装置逃出去，否则一切都玩完了。

在较高的初始位置处体验了几次变焦–旋转轨道后，艾丽丝试图劝鲍勃下降至一个更近的轨道，让他也迸发出冒险的激情。然而，鲍勃是一个保守的家伙，在不启动火箭发动机的情况下，他唯一愿意尝试的轨道就是圆形轨道。艾丽丝发现了一件相当古怪的事情：鲍勃的轨道越靠近黑洞，她就需要待在变焦–旋转轨道上离视界越远的地方，否则就要紧急加速逃命。最终，当鲍勃到达三倍的施瓦西半径的位置时，艾丽丝的冒险游戏就玩不了了。即使她的初始速度只略低于鲍勃的速度，她也会被卷入引力阱，不得不启动紧急加速装置以免被黑洞吞噬。鲍勃此时所处的位置就是"最内稳定圆轨道"（ISCO）。虽然还存在更小半径的圆形轨道，但它们都不稳定，这意味着即使最微小的扰动也会使轨道掉入黑洞。鲍勃拒绝到这些更小的轨道上去，它们其实就是艾丽丝在变焦–旋转游戏的旋转阶段的轨道。

现在我们想知道，当艾丽丝表演她的飞行特技时，鲍勃观察到的她飞机上的信号灯是什么样子。在回答这个问题之前，我们需要先讨论一种被称为"多普勒频移"（Doppler shifting）的效应，这种效应即使在没有重力的情况下也会发生。事实上，多普勒效应甚至连狭义相对论都不需要。举个例子，当你听到向你驶来的救护车的警笛声时，其音高在救护车经过你身旁时会明显地降低。我们可以想象一下，救护车发出的不是正常的警笛声，而是一种特定音高的纯音。比如A调，它高于中央C调，频率约为440赫兹，即声音每秒振动440次。假设救护车以1/10的声速行驶（这个速度对救护车而言相当快了，约为每小时124千米）。当救护车靠近你时，你听到的音高会比440赫兹高大约10%。当救护车从你身边驶过时，你听到的音高又会比440赫兹低大约10%。这种音高的变化就是多普勒效应，其原因在于：当救护车靠近你时，每一个连续的声波振动都会比前一个更加接近你。因此，当这些声波振动向你移动时，它们会有点儿"拥挤"，并且与救护车静止不动时相比，它们接近你的频率更快。光在狭义相对论中也有类似的现象。如果没有任何引力场，并且艾丽丝径直向鲍勃飞去，她的信号灯的电磁振动对鲍勃来说就显得更加拥挤——波长越短，频率越高。这意味着黄光会发生某种程度的蓝移。反之，如果艾丽丝飞离鲍勃，黄光就会发生某种程度的红移。以此类推，如果艾丽丝向鲍勃飞去，她每秒（根据她的时钟）发送一次闪烁信号，那么鲍勃会看到频率高于每秒一次的信号。反之，如果她飞离他，那么鲍勃看到的信号频率将低于每秒一次。多普勒效应看起来似乎会与狭义相对论中的时间延缓效应发生混淆，事实的确如此，但完全正确的相对论性处理方案就是上文中描述的那样。

当艾丽丝进行变焦–旋转轨道表演时，引力造成的时间延缓也会对到达鲍勃的光线产生红移效应，而且这个效应将大于光线的多普勒效应。如果鲍勃要向艾丽丝发射一束光线，那么它将发生引力蓝移。这些引力效应完全是由引力阱中不同深度的时间流逝率的不同造成的，它们是第2章中介绍的庞德–雷布卡实验背后现象的变体。除此之外，另一个复杂因素是，艾丽丝的信号灯发射的光子在去往鲍勃处的途中或多或少地会沿复杂的轨迹传播。最简单的情况是，艾丽丝在信号灯闪烁的时候正好位于鲍勃的正下方，比如恰好到达一次旋转的中间点，然后光子或多或少会沿直线上升至鲍勃的位置，并在引力的作用下发生一点儿红移。① 但是，如果艾丽丝在信号灯闪烁时，与鲍勃恰好位于黑洞的两侧，那么信号灯发射的光子仍然可以被鲍勃接收到，但前提是这些光子必须绕开黑洞！令人惊讶的是，这竟然是有可能的，爱因斯坦甚至预测到了这一点。另一个关于相对论的早期验证（正是

---

① 对从几乎固定半径的轨道径向上传播且发生红移的光子而言，狭义相对论的时间延缓效应也会对它们产生影响。通常，我们的直觉是时间延缓效应被合并到了多普勒效应中，但对传播方向与光源的运动成直角的光子来说却不是这样的。

这个验证使爱因斯坦声名远扬），就是 1919 年全日食期间的星光偏折观测。造成星光偏折的原因与艾丽丝的信号灯光子可以避开黑洞到达鲍勃处的原因一样，只不过前者的效应更弱。但光子能做到的不止这些！信号灯的光子还可以像艾丽丝一样找到特殊的轨道，绕行视界好几圈，再向上到达鲍勃的位置。理论上，光子可以在 1.5 倍施瓦西半径的轨道上绕黑洞无限旋转下去。[①] 这个圆形轨道被称为"光环"（light ring），它是不稳定的。不过，黑洞的这个特性是它具有明亮的环状轮廓的原因，该轮廓勾勒出了射电望远镜目前正在捕捉的黑洞"阴影"，我们将在第 5 章的结尾部分做简要的介绍。

简言之，鲍勃看到的来自艾丽丝航天飞机的所有光脉冲，都既受到引力红移的影响，又受到多普勒红移或蓝移的影响。此外，他还会看到每个光脉冲都有弱回波，对应于绕行黑洞视界一圈甚至更多圈才逃离的光子。最大的红移足以使光子完全移出可见光谱并进入红外波段，最大的蓝移则足以使光子从可见光谱的蓝端移出。总之，鲍勃会看到彩虹的全部 7 种颜色！

我们徘徊在黑洞视界外的时间已经足够长了，现在是时候穿过它了。艾丽丝和鲍勃都想让对方去做这件事，但两个

---

① 从某种程度上说，光子的行为与艾丽丝在飞船上的行为是不同的，因为光子完全没有质量。特别是，1.5 倍施瓦西半径的轨道是光子唯一的圆形轨道，相较之下，艾丽丝和她的航天飞机则有许多可能（稳定和不稳定）的圆形轨道。

人也都明智地拒绝了。作为替代方案，他们打算发射一个卫星探测器。简单起见，他们回到了半径为 1.5 亿千米的圆形轨道上，并在那里发射了探测器。探测器从静止状态出发，没有做变焦、旋转之类的运动，而是径直向下进入黑洞。他们把艾丽丝航天飞机上的信号灯安装到该探测器上，以便观测会发生些什么。由于引力效应和多普勒效应的共同作用，他们接收到的光脉冲频率低于每秒一次，并且被红移了。在从 1.5 亿千米半径的初始位置到达最内稳定圆轨道的过程中，做自由落体运动的探测器会记录下 2 638 秒的时间，再经过 122 秒到达黑洞视界。然后，根据经典的广义相对论，它会悄无声息地瞬间穿过视界。事实上，不会发生什么特别的事情让它得知自己穿过了视界。艾丽丝和鲍勃也永远不会观测到它穿过视界的那一瞬间，因为在它靠近视界的过程中，时间延缓效应将变得无穷大。换言之，信号灯发出的每个光脉冲到达他们所需要花费的时间越来越长，并且最后一个光脉冲会在某个时间点恰好从视界外发出。无论他们设置的脉冲间隔有多短，事情都会如此。但是，我们坚持每秒发射一个光脉冲的计划，并利用探测器上的秒表来测量时间间隔。即使我们设法使探测器的一个光脉冲正好在它穿过视界的一瞬间发射出来，这个光脉冲也永远不会被艾丽丝和鲍勃接收到，但在它之前发射的所有光脉冲都可以被接收到，其中最后一个会在探测器发射后的第 3 741 秒时被接收到，倒数第二个会在第 3 686 秒时被接收到。因此，从艾丽丝和鲍勃的角度看，这两个光脉冲之间的时间间隔长达 55 秒。而且，最后一个光脉冲和倒数第二个光脉冲的波长将分别被红移 79 倍和 40 倍。如果探测器发射的这些光脉冲是波长为 570 纳米的黄色光，那么它们将作为波长分别为 45 微米和 23 微米的红外光被鲍勃和艾丽丝观测到。

引力的时间延缓（引力红移）与时移函数的倒数成正比，时移函数在视界上趋于 0，因此在那里时间将无限延缓。这就是探测器在视界处发射的光脉冲永远不会被艾丽丝和鲍勃接收到的原因，之后的光脉冲就更不可能被接收到了：在视界内，时间延缓"超越了无穷大"。但是，这种说法究竟是什么意思呢？做自由落体运动的探测器在视界处没有发现任何异常，但如果探测器试图从视界内加速退出去，它注定会失败。无论用多么强大的推动力，探测器都无法返回视界处，它甚至不能停止向黑洞中心运动。这是我们在前言中强调过的黑洞内部的命运。随着时间的流逝，它只能径向向内移动。没有任何力量可以把物体从黑洞中拉出来，也没有什么力量可以让我们回到过去。一旦探测器穿过视界，探测器的光子就只能往黑洞内部掉落。黑洞内部的时间与外部是完全不同的，从这个意义上说，时间延缓确实已经"超越了无穷大"。视界内的时间向黑洞中心运行，在那里，奇点掌控着未来。

视界内的时间对于黑洞物理学来说是如此重要，以至于我们需要用微分几何的语言做出精确的说明。回顾一下，时空度规有两项任务：一是告诉我们两个时间分离事件之间的固有时，二是告诉我们两个空间分离事件之间的固有距离。写出一个时空度规公式，就可以一次性完成这两项任务。技巧在于，要在公式中写下两个临近事件之间距离的平方，而不是距离。如果距离的平方是正数，这两个事件就是类空间分离的。相反，如果距离的平方是负数，这两个事件就是类时间分离的，而距离的平方其实是事件之间固有时的平方的相反数。就像在爱因斯坦场方程的任何解中一样，施瓦西解中的度规公式（基于时移函数、径向拉伸等）其实是这些距离平方公式之一，它既可以得出正值也可以得出负值。在径向方向上略微分离的两个事件之间距离的平方，在视界外是正数，在视界内则是负数。最后一点很关键：距离的平方是负数意味着事件是时间分离的。换句话说，半径变得像时间一样，而时间变得像空间一样。虽然这听起来很奇怪，但用到的施瓦西时空曲率中并没有什么有趣的东西。相反，时间和半径的一般概念在探测器穿过视界时被重置了。

尽管在视界内时间和半径混在了一起，但我们关于施瓦西解中半径的初始看法仍然有效：即使在黑洞内部，半径仍然可以理解为以原点为中心的圆周长除以 2π。换言之，施瓦西解中任意给定半径的球体，其面积都是半径平方的 4π 倍，这与我们在学校学到的公式相同。但在黑洞内部，这个公式的意义却十分惊人：我们已经知道，在那里半径即时间，所以我们所说的球体指的是在一个固定的时间点两个角度方向上的全部空间。随着时间的推移（半径向内移动），球体变得越来越小，最终成为奇点。

当探测器朝着奇点进发时，我们发现有必要解释一下潮汐力。正如牛顿知道的那样，我们在地球上看到的海洋潮汐是由月球对地球的引力拉拽产生的。[①]地球靠近月球的一端受到的月球引力比远的一端强，这种不均匀的受力情况使地球在朝着月球的方向上被稍稍拉长了。整个地球都能感觉到这种拉力，但海洋会产生更强烈的反应，因为水是流动的。来自月球的潮汐力仿佛在将地球的远月端拉离月球，同时将地球的近月端拉向月球。这似乎违背我们的直觉，因为我们知道引力是纯粹的吸引力。但重点在于，刨除月球对地球的平均拉力后，剩下的就是潮汐力了。平均拉力略微改变了地球的轨道运动，而潮汐力则稍稍拉伸了地球。

当探测器穿过视界时（见图 3-4 和图 3-5），它原则上就受到了潮汐力的作用，但作用并不是特别强，因为黑洞非常大而探测器很小。当探测器穿过视界刚好一米时，情况迅速地发生了变化。正如我们讨论过的那样，一旦探测器进入视界，再大的加速度都不能使探测器免于落入奇点的命运。事

---

① 太阳引力也会影响潮汐，但简单起见，我们在这里忽略它，只关注来自月球的更强的影响。

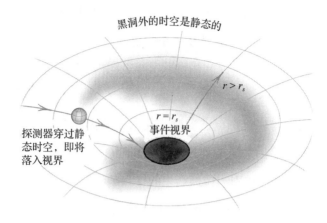

图 3-4 从事件视界外观察正在逐渐落入黑洞的探测器

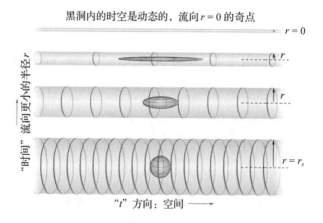

图 3-5 从事件视界内的视角观察正在落入黑洞的探测器。在视界内，探测器因为时空的坍缩而被毁灭。随着"时间"从事件视界 $r = r_s$ 处流向奇点 $r = 0$，探测器沿一个空间方向（"t"）延伸到 ∞，并在另外两个空间方向上被压缩到 0

实上，如果我们希望探测器能够在它的厄运来临之前拥有最长的固有时，那么我们最好不要让它加速，而是让它待在测地线上。它将在穿过视界后的第 27 秒左右抵达奇点。当探测器接近奇点时，黑洞内的潮汐力将迅速增加，在探测器撞上奇点前的大约 10 微秒到 100 微秒（准确的数字取决于我们用来建造探测器的金属强度）内，它就会四分五裂。越来越强的潮汐力把探测器撕成更小的碎片，直至将其剥离为原子。但事情不会止步于此，很快，潮汐力就会增强到足以将所有电子从原子核上剥离下来，再将原子核分解成自由的质子和中子，然后又将质子和中子分解成夸克和胶子。我们确实不能保证接下来会发生什么，因为据我们所知，夸克、胶子和电子已经是点状的了。但我们可以确定，三维空间的两个角度方向会在接近奇点的过程中缩得越来越小，而那个空间方向（对应于黑洞外被我们称作时间的东西）则被沿径向方向拉得越来越长。相应地，包括探测器在内的所有东西都会被挤压成一条无限长的细线。

现在看来，我们似乎已经从头到尾地探索了施瓦西解。这真是一个奇迹，它以一种简单、精确的方式描述了我们生活于其中的弯曲时空几何结构的特点，同时给出了银河系中最重的天体——位于银河系核心处的巨大黑洞——周围时空的几何结构的近似描述。施瓦西黑洞本身是完全静止的，就像一只潜伏在曲面几何网中心的蜘蛛。正如我们知道的那样，离视界太近的物体一定要奋力逃跑，任何穿过视界的东西很快就会被奇点毁灭成你能想象到的最细小的物质流。

事实上，这不是关于施瓦西解的故事的结局。施瓦西度规还有与黑洞相反的另一面，即"白洞"（white hole）。就白洞而言，从奇点出发，时间的流逝将所有空间从奇点中拖拽开来，让所有东西都穿过单向边界到外面去。一旦出去了，你将永远无法返回白洞。白洞之所以必然是施瓦西解的一部分，其原因可以从一个显而易见的悖论中找到。除了在奇点处，测地线严格来说是"完整的"：作为时空中的最优轨道，它们没有开始或结束。对粒子测地线或光子测地线而言，从任何点出发总会有一个前进或后退的路径。唯一失效的情形是通向奇点的测地线，这时就需要用量子引力理论来解释发生了什么。当然，非引力性作用力可以使粒子沿非测地线的轨道移动，但作为时空中的路径，测地线一直在那里。比如，如果你坐在自己最喜欢的咖啡店的椅子上阅读本书，你就不会沿测地线运动，因为椅子和地面施加在你身上的力阻止了你这样做。但测地线仍然存在，而且穿过地面指向地球中心，那些不受其他外力作用的粒子或物体，比如中微子，还会沿测地线运动。

以所有这些情况为背景，施瓦西时空中出现了一个明显的悖论。从朝着黑洞中心运动的探测器上发射的光子，始终沿着测地线运动，直到被艾丽丝和鲍勃接收到。这条测地线是完整的，不仅会延伸到发射点，还会一直延伸到施瓦西半径甚至是视界内的地方。换个角度思考，假设我们从艾丽丝和鲍勃接收到光子的时间点开始回溯它的路径，它会向着更小的半径移动，并且在过去的某个时刻返回探测器，此时光子的生命就结束了，因为这里是它的发射源。但这条测地线并没有结束，它会继续向着更小的半径前进，原则上没有任何东西能阻止真实的光子沿这条路径运动。该路径一直延伸到视界，因为施瓦西半径处没有奇异性，它甚至可以穿过视界并延伸至更小的半径。我们知道没有什么东西能从黑洞中逃逸，但这条测地线似乎提供了一条逃生通道，悖论由此产生。

对这个悖论的解释是，这条测地线并非来自施瓦西度规的黑洞部分，而是来自一个完全不同的部分——白洞，那里的时空流向与黑洞完全相反。白洞的内部指的是径向坐标小于施瓦西半径的地方（或许应该是"时间"），在那里，时间的流逝意味着运动到更大的半径。因此，里面的东西不会被困住，而只会被赶出视界，并且没有机会返回白洞。白洞的零半径处也是一个奇点，但其潮汐力的效应与黑洞相反：细线被挤压并拉伸成球体。

白洞在哪里？更确切地说，应该是在什么时间？答案是：白洞在过去，事实上，是在任意遥远的过去。同样，黑洞是未来的一部分，它将永远存在（忽略量子效应）。如果这种说

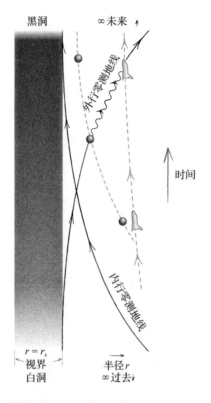

图 3-6　对施瓦西解的全部黑洞和白洞性质的描述。站在外部观测者的角度（飞船上的观测者视角），所有外行零测地线都来自过去的白洞，所有内行零测地线未来都会落入黑洞。然而，无论哪种类型的测地线都不可能穿过白洞视界或黑洞视界，因为这些都只在对观测者而言无穷远的过去或未来才会发生。由探测器发射的光子跳到外行零测地线轨道上，并沿这条路径运动直到它被观测者接收到

法令人困惑，还有一种思考白洞和黑洞问题的方法，那就是用宇宙大爆炸来做类比。在爱因斯坦的引力理论中，大爆炸是我们的宇宙"开始"的一个奇点（就像黑洞的奇点一样，广义相对论在大爆炸的奇点处失效，所以那里究竟发生了什么，至今还是一个谜）。尽管我们可以观测到周围的来自大爆炸的光子，它们形成了宇宙微波背景辐射，但我们永远也不能回到大爆炸（它不是一个地方，而是过去的一个时间段，它留给我们的是一个膨胀的宇宙）。我们大胆地想象一下，假设施瓦西解描述了一个以白洞开始而以黑洞结束的时空。从外部观察，任何在白洞中产生的光子似乎都来自现在变成了黑洞的空间区域。但当光子向外流向视界，并且最终穿过视界时，黑洞并不在那里，而只有白洞。

为了加深对施瓦西黑洞的理解，我们已经探索了大质量物体（比如艾丽丝的航天飞机或不幸的探测器）和光子的许多可能的运行轨道。所有这些路径都可以被称作"因果路径"，原因在于，只要时空中的两个事件处在同一条因果路径上，第一个事件就有可能影响在它之后发生的第二个事件。如果考虑到非因果路径，我们对时空的看法就会得到拓展，继而发现施瓦西解的另一个显著特征——"虫洞"或爱因斯坦-罗森桥。虫洞连接着艾丽丝和鲍勃居住的外部世界和另一个具有相同几何结构的外部世界，在后一个世界中，与艾丽丝和鲍勃兴趣一致的冒险家艾丽西娅和布拉德利对他们时空中的黑洞做了同样的实验，并且得出了与艾丽丝和鲍勃相一致的结论。然而，双方都不知道对方的存在，因为这两个世界之间唯一的连接是黑洞或白洞内的非因果路径。换句话说，这两个外部世界在因果关系上是彼此不相连的，但它们内部却是彼此重叠的。虫洞被视为可以连接时空中相隔极其遥远的两个区域的桥梁，这个看法成为大量科幻小说的灵感之源。麻烦的是，从实际意义层面来说，通过非因果路径连接两个相隔遥远的时空区域，根本无法使它们真正地连接起来。因为非因果关系恰恰意味着没有任何东西可以从一边到达另一边，即虫洞是不可穿越的。在广义相对论中，场方程有可穿越虫洞的解，但都必须借助"奇异物质"，而这种物质尚未被发现，或者根本不存在。我们将在第 7 章的结尾讨论"普通"虫洞，也就是不可穿越的虫洞究竟意味着什么。

尽管视界内充斥着混乱和暴力（更不用说另一个世界了），但外部的观测者连里面的丝毫声响也察觉不到。事实上，黑洞的一个更加一般的性质是"无毛定理"（no-hair theorem）。在本章中，我们主要关注一种特殊类型的黑洞，即不旋转的施瓦西黑洞。接下来，我们会介绍旋转的黑洞（克尔黑洞）和带电荷的黑洞。你可能想知道，究竟有多少种黑洞？答案是：一旦你知道黑洞的质量、电荷和自旋，就可以准确地知道整个黑洞的性质。这个令人印象深刻的无毛定理有时也被称作"唯一性定理"（uniqueness theorem）。在这里，唯一性意味着如果我们指定质量、自旋和电荷的参数，就可以得到且仅能得到一个黑洞视界。"无毛定理"一词源于对一个幽默问题的思考：如果存在非唯一的视界，它们可能是什么形状？黑洞也许有山包、山脉、凹坑或山谷，在这种假设下黑洞视界特征的泛称应该是什么？"毛发"是人们偏爱的选择，我们不得不承认，像"无特征定理"这样的术语的确不如"黑洞无毛"听起来有噱头。

我们直观地理解无毛定理的方式是，视界可能有一些暂时性的特征，但在光子绕光环一圈的时间里，它们就消失了。想用数学方法严密地证明这一点是很困难的。加拿大物理学家沃纳·伊斯雷尔最初提出的无毛定理并没有那么理直气壮，但它实际上是一个经过严密证明的结果。他指出，如果我们假设黑洞处于稳定状态（没有暂时性特征），那么在视界处和视界外，一个不旋转的黑洞就必然是施瓦西黑洞。换句话说，施瓦西解是解决爱因斯坦场方程的非旋转、稳态时空几何问题的唯一答案。这个结果后来被其他科学家推广到由克尔解描述的旋转黑洞问题中，我们将在本书第 4 章中讨论克尔解。尽管稳态解被证明确实是独一无二的，但这并不意味着所有黑洞都只能是施瓦西黑洞或克尔黑洞。

然而，所有证据都表明，施瓦西解和克尔解确实是引力坍缩的稳态结局。在一颗大质量恒星坍缩或两个黑洞合并后，都会形成一个黑洞，它的视界周围的时空一开始绝对不会处于稳定状态，而且会有一些有趣的结构。但很快地，所有结构都会以引力波的形式被带走，事件视界外的时空变成了能够由爱因斯坦场方程的精确解描述的完美、光滑、稳定的状态。相比之下，在视界内发生的事情远没有这么确定。事实上，尽管我们对施瓦西黑洞和克尔黑洞的内部有原则性认知，但由动态过程形成的黑洞视界内究竟发生了什么，仍然是科学家和数学家试图破解的一个谜题。

由大质量恒星坍缩形成的黑洞，它的过去不可能是一个白洞，而是一颗恒星，也不会有通向另一个宇宙的虫洞。事实上，关于如何"看见"星系中心的超大质量黑洞，还有一些未解的秘密。在它们的过去可能存在着类似白洞的东西，或者存在将它们连接到宇宙其他地方的虫洞，这并非完全不可能。如果宇宙中的超大质量黑洞的过去是白洞，我们可能就需要对施瓦西度规的白洞部分做出实质性修改，因为我们可以观察的过去（大爆炸）看起来与施瓦西白洞完全不同。但是，超大质量黑洞也有可能是由极早期宇宙的大质量恒星坍缩，之后随着时间的流逝吞噬物质和其他黑洞形成的。在这种情况下，不会有任何白洞或虫洞与它们相连。至少有很多观测证据都可以表明黑洞存在于我们的宇宙中，却没有任何关于白洞或虫洞存在的证据。

我们已经介绍了黑洞的一些奇妙之处，现在你应该可以理解，为什么在爱因斯坦公布了他的场方程后不久，施瓦西就可以运用精确的数学方法充分探讨场方程，但科学家却花了如此长的时间才弄清楚施瓦西度规的真正意义。在施瓦西解被严肃对待之前，包括1963年发现的克尔解在内的许多新的数学方法都成为必需品。同样重要的是，那时天文学家在宇宙中发现了一些用传统理论无法解释的天体，但黑洞理论却可以做到。如果不是这样，广义相对论就会被视为一个数学上的怪胎，而且没有物理学上的相关性（就像它在创立之初曾被认为的那样）。我们对黑洞的大部分现代理论都是在爱因斯坦逝世之后才建立的，所以很遗憾，他不能充分欣赏到他的理论是如何令人大开眼界的。

第4章

自 转 的 黑 洞

在第3章中，我们介绍了爱因斯坦场方程的施瓦西解，它代表了一个独立、静态、不旋转的黑洞。接下来，我们将讨论施瓦西解的延展，用它来描述旋转的黑洞。为了纪念发现这个解的数学家罗伊·克尔，这类黑洞被命名为克尔黑洞。克尔黑洞很重要，因为宇宙中的黑洞几乎总有旋转或自旋，由此产生了有趣的新效应。旋转的黑洞会拖拽它周围的时空，这种效应被称作"参照系拖拽"（frame dragging），并使测地线表现出一种新的进动。回想一下，对施瓦西黑洞而言，进动是椭圆轨道的旋转，但这种旋转发生在轨道固定的二维平面内。而在克尔解中，参照系拖拽造成的新运动是轨道平面本身围绕黑洞自旋轴的旋转，与黑洞的旋转（围绕轴线顺时针或逆时针旋转）具有相同的意义。粒子越靠近黑洞，参照系拖拽引发的旋转就越快。事实上，在一个叫作"能层"（ergoregion）的区域，参照系拖拽会变得非常极端，以至于所有粒子——不管是不是沿测地线运动，不管质量大小——都不得不在黑洞周围旋转。能层的存在使得黑洞的旋转能可以被提取出来，我们在后文中将介绍一种被称为"彭罗斯过程"（Penrose process）的方法，它常被用来提取黑洞旋转能。

我们还将简要地介绍带电黑洞，它们是麦克斯韦电磁方程和爱因斯坦场方程的解。带电的黑洞对天体物理学来说没有那么重要，因为（我们认为）宇宙中大部分的黑洞几乎都是电中性的。然而，它们展示出一些有趣的现象，比如，如果一个黑洞带有太多电荷，视界将不复存在！但是，没有什么物理过程可以将充足的电荷放入黑洞去消灭视界。所以，更准确的说法是，黑洞有一个最大的电荷承载量。同样，克尔黑洞的自旋不能任意大。具有最大可能的电荷承载量或自旋的黑洞被称为"极端黑洞"。尽管电荷和自旋并没有在多大程度上改变视界外时空的性质，但在视界内就是另外一回事了。在那里，经过一段时间，时空的坍缩（对施瓦西黑洞来说，坍缩会一直持续到奇点）会逐渐减速，并且在"内视界"（inner horizon）上发生逆转。虽然不是奇点，但内视界具有一些奇异的特征，从某种意义上说场方程在此"失效"了，无法唯一地预测出时空发生了什么。如果我们假设场方程的解可以被尽可能平滑地延展到内视界，时空就会扩展到一个具有更多奇异特征的新区域：一个具有负质量的奇点和观测者可以沿逆向时间运动的轨迹。本章将详细探讨这些特征。

让我们从寻找一个自旋的黑洞开始。在本章中，自旋指的是经典意义上的自旋（围绕一个特定轴旋转），而不是量子力学意义上的自旋。角动量是对天体旋转或自旋的量度。量子力学的自旋和传统的自旋都是用角动量来量度的，尽管它们在数学和物理特性上存在相当大的差别。角动量是物理学的一个重要特征，其中一个原因是，对一个孤立系统而言它是守恒的。外力（以力矩的形式）可以改变系统的角动量，但作为牛顿第三定律的结果（这个结果在量子力学和相对论中也成立），施加外力的媒介的角动量会与一个大小相等但方向相反的变化达成平衡。宇宙中几乎任何行星、恒星或黑洞都或多或少地具有角动量，这是天体在形成和演化的过程中，其本身的错综复杂的动力学特征以及与周围其他物质的相互作用产生的结果。我们在这里说的话没什么新鲜的，都是可以追溯到牛顿时代甚至更早时期的经典机制。但它们确实是我们在宇宙中遇到的多数黑洞可能具有的特征，其中并不包括角动量为零的施瓦西黑洞。

此时我们需要的是能够描述旋转黑洞的场方程的解。当旋转变得非常小时，我们希望能够将其作为一种特殊情况用施瓦西解进行处理。考虑到施瓦西解是在广义相对论创立不到一年的时间里发表的，而罗伊·克尔直到 1963 年才发现了人们长期寻求的旋转解，这似乎有些令人费解。施瓦西在球对称性的假设前提下推导出施瓦西解，但事实证明，当黑洞自旋时，它扭曲了附近的时空，使后者不再是球对称的。克尔找到了轴对称的、限制条件较少的一类解，这些解有一个单一的对称轴，绕此对称轴旋转时几何体不会发生任何变化。比如，美式橄榄球就是轴对称的（忽略接缝、表面的纹理和绘制在其上的任何明显的标志），对称轴是其长轴。投掷得好的橄榄球将围绕对称轴自转，但你几乎不会注意到它的自旋（除了它旋转时标识会变模糊）。相反，投掷得不好的橄榄球则会围绕其他轴旋转，在空中飞行时看起来就像在摇摆或翻滚。盘子和圆柱体都是轴对称几何体，球体严格来讲也是轴对称的，但它还具有额外的对称性，因为任何通过球心的轴线都是它的对称轴。

事实证明，相较于限制性较小的轴对称，如果时空的几何结构是球对称的，场方程就会变得极其简单，这也是发现克尔解所花费的时间特别长的一个原因。如果去除轴对称的限制条件，场方程将会变得更加复杂，自然地，我们也想知道未来能否发现更复杂的黑洞解。恐怕要让你失望了，回想一下第 3 章中讨论的黑洞无毛定理，这个定理指出，任何黑洞都会很快失去它可能具有的暂时性特征（"毛发"），并处于唯一的稳定状态。在没有物质或电荷的情况下，这种稳定状态就是克尔度规。换句话说，一个黑洞可能具有的任何非轴对称性特征都是暂时的。所以，比克尔解更复杂的爱因斯坦场方程的稳定黑洞解是不存在的。

黑洞的许多特征并没有受到自旋的定性影响。比如，本地观测者和远处观测者之间的时间延缓，在接近视界时将变得无穷大；视界是单向边界，一旦穿过视界，时空就会开始向内坍缩；那些足够靠近黑洞的轨道，会表现出变焦–旋转的动力学特征。然而，这些效应的细节方面可能会存在很大的不同。而且，通过两种重要的方式，自旋改变了黑洞外时空的几何结构，并引发了一些新的现象。第一，如前文所述，时空的几何结构不再是球状的。在施瓦西度规中，恒定的时移函数（引力红移）的表面是球面。在克尔度规中，类似的表面在旋转轴穿过的极点周围变得平直，而在赤道附近则会凸起。这与地球、太阳或其他大质量天体相似，旋转使得它们的形状被扭曲，如若不然这些天体应为球状。越靠近黑洞的事件视界，平直或凸起的现象就会越明显；黑洞旋转得越快，这类现象也会变得越发显著。

第二，自旋使得时空在黑洞周围流动，并且越接近事件视界流动得越快。我们将通过描述它如何影响测地线的轨迹，更详细地解释时空"流动"的含义。这里有一个恰当的类比，请你想一想龙卷风周围的空气是如何流动的。在这里，空气代表时空，测地线是龙卷风扫除并用其漏斗结构运载的任何灰尘颗粒（或不幸的奶牛）。在时空背景下，这种效应被称为参照系拖拽。这个性质并不是黑洞特有的，事实上，地球自转也会产生参照系拖拽效应。但与黑洞相比，地球的这种效应要小得多，以至于被GPS卫星忽略，直到最近才被灵敏的引力探测器B（Gravity Probe B）和LAGEOS（激光地球引力学卫星）验证。

为了充分探究参照系拖拽效应，让我们再次发射值得信赖的卫星探测器。在距离克尔黑洞很远的地方让探测器从静止状态出发，以便追踪黑洞的测地线轨迹。对施瓦西黑洞而言，由于它是球对称、不旋转的，我们可以把任何通过它的中心并与之相交的平面视为赤道面，将在赤道面正南和正北的视界上的两个点视为它的极点。这种做法没有什么特别之处，因为这个平面的任何方向都与其他方向一样好。对像克尔黑洞这样的旋转天体而言，我们将其北极和南极定义为与黑洞的自旋轴相连的视界上的点，将赤道面定义为垂直于这个轴的平面。鉴于克尔黑洞的参照系拖拽效应和轴对称性，我们发射探测器的初始位置相对于自旋轴的角度大小就变得很重要了。下面，我们来看两种极端情况：一种是探测器直接沿黑洞的极点（北极或南极皆可）方向下落，另一种是探测器沿赤道方向下落。在施瓦西时空中，这两个探测器都会像第3章中描述的那样沿径向方向下落。而在克尔时空中，沿极点方向下落的探测器也是这样（尽管在探测器下落的过程中，远处观测者观测到的时间延缓和引力红移的精确进程会有所不同），但沿赤道方向下落的探测器情况则完全不同。如图4-1所示，起初探测器会沿着径向方向下落，但当它接

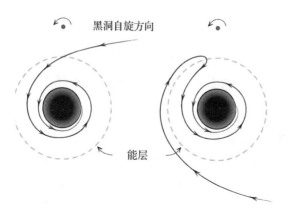

图 4-1　参照系拖拽对落入克尔黑洞的测地线的影响。图中展示了落入克尔黑洞的测地线轨迹，在左图（右图）中，粒子相对于黑洞的自旋具有正（负）角动量

近视界时，黑洞的自旋会将其拖拽到黑洞周围。从远处看，它的轨迹就像在赤道面上的收缩螺旋一样，更紧密地环绕在视界附近，但绝不会穿过视界。就像施瓦西解一样，来自探测器的光会发生红移，时间也会延缓，但它现在看上去似乎来自以固定角速度旋转的视界上的一点。这个角速度对从任何角度落入黑洞的探测器来说都一样，尽管它们最终会散布在视界之上的不同纬度位置上。观测下落探测器的角度方向的运动，是测量黑洞旋转速度的一种方法。

　　从探测器的角度看，当它自外向内落入黑洞时，它会感觉到自己受到了黑洞的拖拽。就像在施瓦西时空中一样，根据它的观察，它将在有限的时间内到达并穿过视界。所以，穿过视界的观测者的时间流逝速度与远处观测者的时间流逝速度之间存在着无穷大的差别。而且，在探测器穿过视界之前，它会观测到自身绕转黑洞的圈数是有限的，但远处的观测者永远不会看到它穿过视界。探测器似乎紧挨着视界，永远以恒定的角速度围绕视界旋转。所以对本地观测者和远处观测者而言，关于探测器之于黑洞自旋轴的扭曲程度，两者的测量值之间也存在着无穷大的差别。

对于那些比之前描述的沿赤道或极点方向下落的更复杂的轨道，我们可以从轨道面进动的角度理解它们的参照系拖拽效应。对施瓦西黑洞而言，环绕黑洞的任何测地线都在与黑洞的坐标中心相交的固定二维平面内运动，我们称这个平面为轨道平面。正如第 3 章中讨论的一样，椭圆轨道都在这个平面内进动，但永远也不会离开这个平面。但在克尔黑洞附近，参照系拖拽效应会使整个轨道平面之于自旋轴旋转或进动。进动的速度取决于黑洞的自旋、轨道相对于赤道面的倾斜程度，以及探测器与黑洞之间的距离。赤道轨道总是停留在赤道面上，围绕黑洞两极的轨道将表现出最大的轨道平面进动，而远离黑洞的轨道则表现出非常小的进动，无论黑洞的轨道倾角或自旋如何。像施瓦西黑洞一样，牛顿物理学又一次很好地描述了与黑洞相距甚远的轨道的动力学。然而，在非常靠近黑洞的时候，轨道平面的进动对于变焦-旋转轨道尤其明显，特别是在微调旋转的情况下。此时探测器将在赤道面上方和下方的固定纬度之间的一部分球面上描绘出它的运动轨迹，而非围绕一个圆圈运动。相较于赤道轨道，该轨迹只是一个圆圈，但极点轨道会通过旋转填满整个球面。

参照系拖拽效应也会影响非测地线。在靠近视界的能层，参照系拖拽效应是如此强大，以至于所有类时轨迹和类光轨迹都被迫沿黑洞自旋的方向运动。如果你位于视界之外与能层之内，并且拼尽全力逆着黑洞自旋方向运动，那么无论这个力有多大，你仍然会被拖拽着沿黑洞自旋方向运动。能层是视界的一种平直化版本，在两极触及黑洞视界，并且沿赤道向外延伸得很远（见图4–3）。黑洞自旋得越快，赤道上能层的隆起就越大。有趣的是，黑洞的旋转速度是有限的，如果以极限速度自旋，它就成了极端黑洞。对极端克尔黑洞来说，赤道能层可增长到视界半径的两倍。在能层内，所有粒子也都必须沿同样方向围绕黑洞运动，不过运动速度可能有快有慢，这取决于粒子在能层内的位置，以及它们是否受到引力之外的其他力的作用。如果我们接近视界，就如同外部观测者看到的那样，时间延缓和参照系拖拽一起发挥作用，使得所有粒子的运动轨迹，不论是否沿着测地线，都以与视界相同的角速度旋转。

为什么黑洞不能以任意快的速度旋转？在数学上，克尔解的自旋可以比极值更大，但它们的视界会消失，这意味着它们不再是黑洞。这些解从几个方面看都是有问题的，其中一个方面是，如果它们没有视界，时空中的奇点就会裸露在外部宇宙中。这有什么问题呢？虽然从理论上说没问题，但经典的广义相对论无法预测一个奇点的未来，所以我们甚至不知道这种"裸露"意味着什么。科学家使用模型计算和模拟自旋很大的黑洞（或者形成一个没有视界的奇点），但在模拟宇宙中可能存在的这类黑洞的所有尝试中，没有一次取得成功。几十年前，英国物理学家和数学家罗杰·彭罗斯爵士早就预料到了这种失败的结局，并且提出了"宇宙监察猜想"（Cosmic Censorship Conjecture），即所有可能在自然界中形成的奇点都被事件视界"掩盖"了。从物理学家的角度看，如果大自然强制执行这个猜想，那将是一个不幸的规则。原因在于，我们认为广义相对论预言的时空奇点也是让该理论失效的地方，实际发生的事情必须用一个新的理论——量子引力理论——来描述。看到这样的事件可能会让我们新奇地认识到量子引力到底是什么，但如果它们隐藏在事件视界之后，我们就无从得知了。在讨论黑洞碰撞时，我们将再次提到这个问题（见第6章）。

让我们按次序简要概括一下。与施瓦西黑洞相比，旋转使得克尔黑洞的几何结构变得更加复杂，并且给接近视界的粒子轨迹增添了一个新的涟漪：参照系拖拽效应。假设我们将一些装有闪光灯的探测器，从各个方向扔进一个施瓦西黑洞中，外部的观测者将永远不会看到它们穿过视界。相反，当它们接近视界时，它们似乎会放慢速度，冻结成一个固定模式，闪光灯的频率变慢而红移变大。克尔黑洞也会呈现出类似的现象，只是这种固定模式将永远随着黑洞的自旋周期旋转（因为参照系拖拽效应）。我们接下来要介绍的是，克尔黑洞的旋转如何提供了从黑洞中提取能量的机制。

回想一下，在相对论中，质量与能量是等价的（$E = mc^2$）。一种常见的能量形式是动能，$E = mc^2$ 意味着物质可以转化成其他形式的物质加动能，反之亦然（比如在核反应中）。如果我们忽略第 7 章讲述的量子效应，那么所有与物质等价的能量都会被束缚在黑洞之内。然而，旋转是动能的一种形式，它可以从黑洞中被提取出来。请注意，在这样的提取过程中，没有任何东西来自黑洞内部。相反，黑洞周围时空中的旋转能是可以被提取出来的，这被称为彭罗斯过程，是以其发现者的名字命名的。彭罗斯过程的工作方式（见图 4–2）是：从一个在远处绕转黑洞的空间站发射一艘能量开采飞船，飞船沿一条测地线进入能层，其中赤道测地线是最佳选择。一旦进入能层，飞船就会以与黑洞旋转相反的方向，精确地瞄准并高速发射出质量很大的抛体。当然，由于参照系拖拽效应，抛体和飞船看起来好像沿同一个方向绕黑洞运动，只不过飞船的运动速度更快。有一点很重要，那就是抛体的质量必须与飞船的质量差不多大，只有这样抛体才会对飞船产生很大的反冲力。发射抛体时必须瞄准，以保证反冲力能将飞船推到一个能返回空间站的轨道上去，而抛体则落入黑洞。如果以足够快的速度发射，抛体就会具有与黑洞相反的角动量。

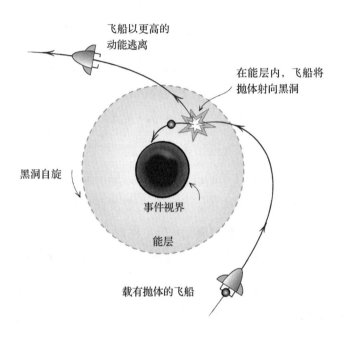

飞船以更高的
动能逃离

在能层内，飞船将
抛体射向黑洞

黑洞自旋

事件视界

能层

载有抛体的飞船

图 4-2　彭罗斯过程示意图，从黑洞的自旋轴俯视赤道面上的能源开
采飞船和抛体

当抛体被黑洞吸入时，黑洞的自旋会相应减少。但是，总角动量守恒，根据牛顿第三定律，飞船会获得相同的角动量。这意味着飞船肯定获得了动能。

实际上，到目前为止，我们对彭罗斯过程的讨论都是寻常或普通的。如果我们用太阳替代黑洞来做这个思想实验，同样的守恒定律也能成立。太阳在吸入抛体的同时，其角动量减少，而飞船则获得等价的动能。但在这种情况下，飞船永远不能获得足够的动能，用于补偿被抛体带走的质量当量的能量。对旋转的黑洞来说，会有一些不同寻常的事情发生：如果仔细调整轨道，并且投射时精确瞄准，飞船就可以获得足够多的动能，除补偿抛体造成的能量损失以外还有多余的能量。要想对发生的所有事情做出直观的解释，并不是很容易。不过，让我们来介绍一下计算中的一个关键部分，它揭示了黑洞周围极端扭曲时空的另一个奇异特征，并且解释了为什么从能层内发射抛体对彭罗斯过程而言至关重要。

先插入一段题外话，简要讨论一下轨道中物体的能量。能量以不同的形式存在。静能是质量本身的能量，即方程 $E = mc^2$ 所指的能量；动能是运动的能量。此外，至少在牛顿引力理论中还存在着势能，它描述了一个物体在引力阱中所处的位置有多深。势能是负的，因为它是你不得不施加到一个初始静态物体上的能量，这样才能把物体从引力阱中取出来。在牛顿引力理论中，只要物体受到的唯一作用力是来自一个像太阳一样的静态大质量物体的引力，轨道物体的总机械能（动能加引力势能）就永远不会改变。动能的任何变化都是由势能的相同或相反的变化来平衡的。在广义相对论中，给出在所有时空中都有意义的势能定义是一件棘手的事，但至少对在克尔黑洞时空中运动的物体来说这是有可能的。换句话说，克尔黑洞时空中的轨道物体的总机械能（包括静能）可以被定义，并且因为轨道物体沿测地线运动，所以这个总能量将保持不变。

现在，参照系拖拽的奇异特征在这里起作用了。在克尔黑洞的时空中有一些测地线轨道，它们完全被限制在能层之内，沿它们运动的粒子具有非常大的负势能，并且大于其静能和动能的总和，所以它们的总能量是负的。这就是彭罗斯过程的作用原理：当处在能层之内时，飞船发射抛体，抛体在其中一条负能量轨道上运动。依据能量守恒定律，飞船将获得足够大的动能，既可以补偿被抛体带走的质量当量的能量，又包含了与抛体的净负能量相等的正能量。由于抛体随后会在黑洞中消失，我们可以用废料制造抛体。黑洞不仅会无怨无悔地吸入所有废料，还会以比我们投入能量更多的能量作为回馈。这简直就是名副其实的绿色能源！

我们可以从克尔黑洞中提取的最大能量取决于黑洞的自旋速度。在极端情况下（黑洞的最快自旋速度），约有29%的能量存在于旋转黑洞的时空中。这听起来似乎不多，但请记住，它是静止质量当量的能量。相比之下，核裂变反应堆只能利用的能量尚且不到静止质量当量的千分之一。

旋转黑洞视界内的时空与施瓦西黑洞视界内的时空截然不同。让我们跟随探测器穿过视界，看看会发生什么。最初的情况看起来与施瓦西黑洞相似，时空开始坍缩，一切都被拖拽到较小半径处，潮汐力增大。但在克尔黑洞视界内的时空中，在半径达到零之前，坍缩减缓并开始逆转。对快速自旋的黑洞来说，随后潮汐力将变得足够强大，以至于威胁到探测器的存亡。为了对这种情况的发生原因有一些直觉性认知，我们可以回想一下在牛顿力学中，旋转是"离心力"产生的原因。尽管它不是一个基本力，但它是物质的所有组分在自旋组态下运动，以及物质内部的基本力做出调整来维持自旋的结果，即产生了一个有效的向外的力。如果你身在一辆快速行驶的汽车中并遇到了一个急转弯，你就会感受到这种力的作用。同样，如果你坐过旋转木马，那么你应该知道，它转得越快，你就要越牢固地抓住扶手，否则你很可能会被甩出去。这个类比对时空来说并不完美，但它表达了准确的思想。克尔黑洞时空的角动量提供了有效的离心力，抵消了纯粹的引力。视界内的坍缩将时空压缩至较小的半径，所以离心力变得更强，最终抵消和逆转了时空的引力坍缩。

在坍缩停止的那一刻，探测器就到达了黑洞的内视界。潮汐力在这里是温和的，探测器在穿过事件视界后只需要花一段有限的时间就能到达内视界。但是，时空坍缩停止并不意味着我们的问题得到了解决，也不意味着旋转在某种程度上解决了施瓦西黑洞的奇点问题。还早着呢。事实上，20世纪60年代中期，罗杰·彭罗斯和史蒂芬·霍金证明了一套奇点定理。这套定理指出，无论引力坍缩在什么时候发生，无论它如何短暂，最终都必定会形成某种形式的奇点。在施瓦西解中，这是一个毁灭性的奇点，它会在视界内的所有时空中形成。而在克尔解中，奇点的性质则完全不同，而且相当违背直觉。当探测器到达克尔黑洞的内视界时，奇点就会显现出来，但它出现在探测器的世界线的因果过去里。这就好像这个奇点一直在那里，只是它的影响力现在才显现在探测器上。如果你觉得这听起来很奇异，那就对了。有些事情在时空的图景上出了错，我们由此得知这个答案不是最终答案。

从靠近内视界的观测者的因果过去看，关于奇点的第一个问题是，爱因斯坦场方程不能唯一地预测出内视界外的时空将会发生什么。而且，从某种意义上说，任何事物都可能从奇点中产生。据推测，量子引力理论能够告诉我们到底什么会从奇点中产生，但爱因斯坦场方程在这一点上却完全无效。出于好奇心，我们假设内视界外的时空像在数学上那样尽可能地平滑（或者说，度规函数就是数学领域中的解析法），接下来我们就可以描述将会发生什么。但是，这个假设没有合理的物理判断。事实上，关于内视界的第二个问题与第一个问题恰恰相反：在黑洞外存在着物质和能量的真实宇宙中，时空在内视界处变得相当不平滑，并且会形成一个形似纽结的奇点。它不像施瓦西解的具有无穷潮汐力的奇点那样具有破坏性，但它至少对数学解析法衍生的故事提出了质疑。这也许是一件好事，因为那的确是一个奇怪的故事。

在讨论这个奇怪的故事之前，我们先解释一下为什么黑洞外的物质会如此强烈地影响着内视界。这个问题可以归结为内部时间与外部时间流动的差异，以及黑洞旋转对时空坍缩的逆转是如何影响这种差异的。回想一下，在施瓦西时空中，这种差异导致了外部观测者观测到的引力红移和时间延缓效应，这也是他们永远看不到任何穿过视界的事物的原因。这一点同样适用于克尔时空，因为参照系拖拽效应使之产生了额外的扭曲。在任何情况下，外部观测者都不可能窥见事件视界之内的事情，所以他们也无法看到内视界处上演的"好戏"。解答这个问题的关键在于提出一个相反的问题：在探测器掉落内视界的过程中，若它回望外部宇宙，它会看到什么？首先，时间流动情况与外部观测者看到的相反。探测器会注意到时间收缩（外部的事件进展得越来越快），以及引力蓝移（从这些事件上发出的光的频率将迁移到短波波段，或者朝着电磁频谱的蓝端移动）。这与探测器接近事件视界时看到的情况类似。其次，在事件视界处，探测器观测到的时间收缩和引力蓝移是无穷大的，这正是外部观测者看到的无穷引力红移和时间延缓的镜像。对能够借助强大的火箭发动机悬停在距离事件视界极近处的探测器来说，这几乎是事实，但这和探测器穿过事件视界后的自由落体经历完全不同。穿过事件视界会产生一个巨大的多普勒效应，部分抵消引力的时间收缩效应。而且，做自由落体运动的探测器向后看，它实际上看不到任何异常情况。然而，一旦进入视界，黑洞自旋造成的时空坍缩的逆转，就会有效地减缓探测器的速度。当探测器到达内视界时，多普勒效应不能抵消引力的时间收缩效应，时间收缩和蓝移将变为无穷大。换句话说，在有限的、恰当的时间内，探测器能够"看到"外部宇宙的无限时间的演变！好吧，事实并非如此，这就是为什么我给看到加上了引号。问题在于，波长较短的光子具有较高的能量，在到达内视界之前，光子将被蓝移至极高的能量水平，足以烧毁由任何已知材料制成的探测器。这种现象被称为"蓝片奇点"（blue sheet singularity），你可以想象得到，为什么这会对关于内视界外的平滑时空假设提出质疑，除了时空中无光子或物质的完全真空的克尔黑洞。

请谨记那个警告，下面让我们来探究一下这个奇怪的故事，即让穿过内视界的克尔解有最平滑的数学延展性。一旦穿过内视界，探测器将进入宇宙的一个新分支。在宇宙的这一部分，奇点总是可见的，而且不存在事件视界。奇点具有自旋环结构，在接近它的时候，曲率和潮汐力将变得无穷大。

在施瓦西黑洞中，奇点出现在所有下落路径的某个未来时刻，相较之下，克尔黑洞奇环处于确定的空间位置，探测器可通过某些方法避开它。其中一种选择是探测器向外移动至大半径处，超出内视界所在的径向位置。在这种情况下，克尔时空会将探测器引入它的白洞区域。随着这部分时空演化成一个新的克尔黑洞区域，探测器被迅速地向外射出，这个新黑洞的自旋和质量与探测器原来穿过的那个克尔黑洞相同。探测器永远不能返回白洞，因为和在施瓦西时空中的情况一样，白洞已然属于过去，现在这里只剩下新黑洞了。不过，探测器可能会永远保持这种运动，掉入新黑洞，穿过它的内视界，然后通过下一个白洞区域逃逸到另一个黑洞区域中去。简言之，克尔解析解的延展给出了由白洞连接的黑洞的无穷数列。

一旦穿过内视界，探测器的另一种选择就是继续向内移动并通过奇环。好吧，重要的是，它刚刚穿过了一个圆环。难道探测器不能只绕着圆环运动，并在同一个地方结束运动吗？令人惊讶的是，答案是否定的。最大平滑度要求，一旦探测器穿过圆环，它就会出现在宇宙的另一个完全不同的区域中。这也可以用具有相同自旋的新克尔黑洞的度规来描述，但要减去原来的克尔黑洞的质量。换句话说，时空中存在着一个具有负质量的裸奇点。在那里，由奇点产生的有效引力实际上是排斥力，所以测地线也会"远离"它。更奇怪的是，还有一个被称为"封闭类时曲线"（closed timelike curve）的时空区域。圆环就是封闭曲线的一个例子：它的长度是有限的，从它上面的任何一点开始移动一定的距离，必定会回到起点。但"正常"的封闭曲线是类空的：如果你环绕一圈，在时间上你也在向前移动，所以当你回到起始位置时，尽管你处于相同的空间位置，但却处于起始时间的未来。封闭类时曲线与封闭类空曲线不同，对前者而言，在你回到起始位置的同时，你也回到了初始时间。

实际上，在这个封闭类时曲线的时空区域中，我们拥有的是一部时间机器。如果你距离奇点很远，就不存在封闭类时曲线，除奇点的排斥力之外，时空看起来很正常。然而，有一些你可以遵循的轨迹（它们不是测地线，所以你需要一艘宇宙飞船），它们可以带你进入封闭类时曲线。一旦你到达那里，你就可以沿坐标t的任何一个方向移动，该坐标可以测量遥远的观测者所在位置的时间，但你仍然会按照你的固有时前进。因此，你可以前往任何你想去的时间t，然后回到遥远的时空，甚至在你离开之前到达那里。现在，所有与时间旅行相关的悖论都出现了。比如，如果你完成了一次时间旅行，并且说服过去的你不要开始这次旅行，将会发生什么？这些时空能否存在，如果它们存在，这些悖论又该如何解决？这些都是超出本书范围的问题。然而，就像内视界处的裸奇点问题一样，广义相对论中存在一些暗示，即存在封闭类时曲线的时空区域是不稳定的，如果试图将任何物质或能

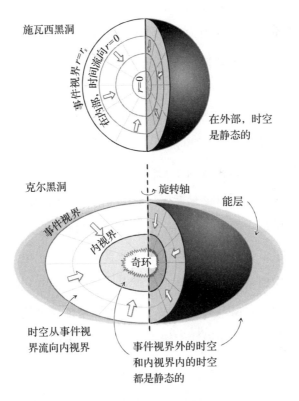

施瓦西黑洞

事件视界 $r=r_s$ 时间流向 $r=0$

在内部，

$r=0$

在外部，时空
是静态的

克尔黑洞

旋转轴

能层

事件视界

内视界

奇环

时空从事件视
界流向内视界

事件视界外的时空
和内视界内的时空
都是静态的

图 4-3 黑洞内部结构示意图

量放在这些曲线中的某一条上，它就会变成奇点。而且，在我们的宇宙中形成的旋转黑洞中，从一开始，球状奇点可能就会阻止负质量区域（以及通过白洞到达的其他所有克尔黑洞）的形成。尽管如此，广义相对论给出如此奇异的解还是很有趣的。不过，因为很难理解，也就很容易被忽视，但请记住，爱因斯坦和他同时代的许多人对黑洞研究也做出了重要的贡献。

我们通过对带电黑洞的简短讨论来结束这一章。前文中提过黑洞没有"毛发"，换句话说，它们在时空结构中没有留下任何关于什么曾进入了它们的线索。从某种意义上讲，它们的记忆力并不好，只能记住它们消耗的东西的总质量和角动量。但是，如果你把一个电子扔到黑洞里去呢？如果黑洞忘掉了它，电荷会发生什么？这难道不是违反了电荷守恒这个粒子物理学的神圣特性吗？确实是这样，但幸运的是，黑洞可以为与守恒电荷相关的"长程力"增加额外的毛发。麦克斯韦电磁方程和描述旋转带电黑洞的爱因斯坦场方程的解被称为克尔–纽曼度规，这类黑洞的质量、自旋和电荷都是独一无二的。实际上，描述不旋转的带电黑洞的解早在许多年前就被发现了，并以其发现者的名字命名为赖斯纳–努德斯特伦解，简称R–N解。R–N解之所以很早就被提出，是因为它和施瓦西解相同，R–N黑洞的不旋转时空是球对称结构，所以它的场方程在数学上要简单得多。有趣的是，电荷也和角动量一样，具有与黑洞内部结构相似的特性。R–N黑洞中有内视界、裸奇点和外视界。然而，因为没有自旋，R–N时空中不存在封闭类时曲线的负质量区域。

与旋转黑洞的另一个相似之处在于，带电黑洞的电场会产生类似于离心力的有效的向外压力，这个压力与内视界有关。所以，存在一个能将黑洞变成极限黑洞的最大电荷量，一旦超过这个电荷量，事件视界将不复存在，而裸奇点将会显现出来。要做到这一点，需要在黑洞中增加越来越多的同种电荷。但因为同种电荷相斥，最终排斥力会变得极其强烈，以至于无法加入更多电荷。在我们的宇宙中，所有黑洞都被认为非常接近电中性。一旦携带了大量同种电荷，它们很快就会从星际介质中吸引带有相反电荷的离子或电子，从而变成电中性。

第 5 章

宇 宙 中 的 黑 洞

20世纪六七十年代被称为广义相对论的黄金时代，这个时代见证了一场关于黑洞的认知革命。凭借新的数学知识和许多研究者（包括约翰·惠勒、基普·索恩、沃纳·伊斯雷尔、罗杰·彭罗斯和史蒂芬·霍金等）的睿智洞见，前面几章介绍的关于黑洞的现代理论图景在很大程度都是那时绘制的。与此同时，天文学家使用更灵敏的光学和射电望远镜更深入地观测宇宙，首次瞥见了X射线天空的样子。他们发现了两种全新的、当时对其一无所知的天体——类星体和X射线双星，如今我们认为它们是黑洞的家。

X射线双星是一个恒星系统，由一颗普通恒星和非常邻近轨道上的一颗看不见的伴星组成，这颗伴星可能是白矮星、中子星或黑洞。我们认为，从可观测恒星向其看不见的伴星进行的物质转移贡献了这些系统的强烈的X射线辐射。

如果我们看不到伴星，我们又怎么知道它们是否存在呢？答案是：借助光子的多普勒频移。多普勒频移源于可观测恒星的大气，是由双星的轨道运动引起的。原子或分子只吸收和发射特定波长（谱线）的光子，于是这些谱线就成了特定原子或分子的一个独特而显著的特征。比如，钠气路灯之所以呈明亮的黄色，是因为它发射的光子主要来自 589.0 纳米和 589.6 纳米这两条钠谱线。当天文学家观察一颗恒星时，他们可以看到这颗恒星大气中原子和分子的许多吸收谱线和发射谱线。如果这颗恒星是双星系统的一部分，由于恒星与其伴星相互绕转运动，这些谱线就会周期性地交替发生红移和蓝移。这种周期性交替发生的红移和蓝移现象，与第 3 章讨论过的变焦–旋转轨道的相关现象是一样的。

好的，现在我们知道，即便只能观测到其中的一颗星，X射线双星也是由两颗星组成的双星系统。但是，我们又如何知道在某些双星系统（比如天鹅座X–1）中的那颗伴星是黑洞呢？怀疑者也许会认为，这颗伴星只是一颗太暗淡以致看不清的恒星。要反驳这个观点很容易：这颗看不见的伴星太大了，因此它不可能是一颗暗淡的恒星。为了具体说明这个简单的结论，我们需要借助一些额外的观测、开普勒轨道运动定律和恒星演化理论。通过观测，我们不仅可以从多普勒频移中推断出这颗恒星处在一个双星系统中，还能得到其轨道的具体特征。谱线的振动周期恰好就是双星的轨道周期，多普勒频移在一个周期内的精确变化体现了轨道的椭率，频移的振幅则给出了恒星的最大速度下限。（只在我们沿轨道侧面观测时，才能得到实际的最大速度，然而天文学家只在极少数情况下才能推断出轨道倾角。）将这些观测值与开普勒轨道运动定律结合在一起，可以计算出双星系统中两颗星质量之和的下限。如果我们能够计算出可见恒星的质量，就可以计算出看不见的伴星的质量，这里就要用到恒星演化理论了。事实证明，一旦我们知道了恒星的表面温度和光度（两者都可以通过直接观测得到），仅凭恒星演化的常识就可以估算出一个相当准确的质量。

恒星的一生都是由力的竞争来驱动的：向内的引力与向外的压力相互对抗。实际上，这个说法也适用于类地行星。但与行星不同的是，恒星的质量太大，以至于冷物质产生的压力不足以和引力相抗衡，更确切地说，至少在恒星的生命早期是这样的。[①]恒星是由一团主要成分为氢气的气体坍缩而成的。随着气体云的坍缩，其核心的压力和温度会逐渐升高，直至氢气开始发生核聚变反应。聚变以光子和中微子的形式释放出极大的能量，进一步加热了气体云的核心，使气体云的热压高到足以让坍缩停止，一颗恒星就此诞生。从外表上看，恒星已达到了平衡，但其核心的化学成分还在不停地演化，并将氢燃料

---

① 你可能会反驳说地球并不冷，它的内核温度约为 6 000 开氏度。这的确是事实，但地球并不需要靠热压来支撑它的质量。就算让地球冷却到绝对零度，它仍然拥有足够的静电和电子简并压力可用于平衡引力。

聚变成氦。至于它核心的大部分氢被耗尽之后会发生什么，主要取决于这颗恒星的质量。我们不想在这里赘述各种细节和可能性，但要注意的一点是，对于质量最大（10~100倍太阳质量）的一类恒星，它们的演化过程会出现多个平衡阶段，并被一个个的收缩过程间隔开，收缩会引起恒星核心的温度和压力增加，直到新的核聚变反应开始。这个演化过程会一直持续到铁核形成。

在讨论恒星生命的最后阶段会发生什么之前，我们可以先回答这个问题：为什么恒星的表面光度和温度能够告诉我们它的质量？如果知道一颗恒星的质量和化学成分，我们就可以用恒星结构方程来计算它的表面温度和光度。其中涉及很多技术细节，但基本原理如下：一颗更大的恒星需要更大的热压来对抗引力，因此会发生更多的核聚变反应，释放出更多的光子，恒星也会更明亮。恒星中心的温度最高，越往外温度越低，表面的温度最低。表面温度取决于恒星的结构，但至少在最初的氢燃烧阶段（天文学家称之为主序阶段），质量越大的恒星表面温度就越高。表面温度决定了我们观测到的恒星的颜色。因此，通过对恒星的颜色和亮度的观测，天文学家可以做反演计算，来获得对恒星的质量和组分的估计。

天鹅座X-1中有一颗20倍太阳质量的恒星，它的表面温度约为30 000开氏度。这么高的温度让它在夜空中的颜色接近蓝色（尽管它距离地球很远，但你只需要用一台高倍率双筒望远镜或天文望远镜就能看到它）。而且，它的大小至少是太阳的 10 倍，所以它被归类为一颗蓝超巨星。天文学家借助这些信息和对多普勒频移的观测为它的轨道建模，由此推断出这颗看不见的伴星的质量约为太阳的 15 倍。那么，为什么它一定是黑洞呢？答案依然来自恒星结构理论。正如我们在前文中解释的那样，大质量恒星的演化过程历经了燃烧核燃料的各个阶段，其释放的能量提供了足以抗衡引力的压力。核聚变反应会一直持续到铁核形成，铁核是最稳定的核，超过该阶段的任何核聚变或裂变反应都需要消耗能量。[①] 在这个阶段，原子被完全电离，所有电子都悬浮在费米气体或简并气体中。物质的这种简并状态可以产生相当大的压力（即使是在零度时），即"简并压力"。对像太阳这样的质量较小的恒星来说，核聚变反应一旦停止，电子简并压力足以支撑恒星核心不会进一步坍缩（顺便说一句，对于质量较小的恒星，这种情况发生在铁核形成之前），最终它将以白矮星的形式结束自己的一生。

对大质量恒星来说，恒星演化过程的后期更富戏剧性。

---

① 铁元素的常见形式共含有 56 个质子和中子，在所有元素中，铁核具有最小的静止质量。实际上，共含有 62 个质子和中子的镍同位素具有更大的结合能。但想知道为什么普通铁元素的含量比镍–62 更丰富，我们还需要对恒星演化过程进行更加详细的解释。不过，对我们来说，重要的是知道铁族元素拥有最稳定的原子核，并且是核聚变反应的自然终点。

一旦铁核增长到超过"钱德拉塞卡极限"（Chandrasekhar limit，约为 1.4 倍的太阳质量），电子简并压力就不足以支撑恒星核心了，于是核心开始坍缩。核心的温度和密度急速上升，高能光子开始分解铁原子。在这个极端致密的环境中，自由电子和质子很容易结合成中子，中子气体迅速形成。中子是费米子，也能产生简并压力，并且比电子简并压力大得多，足以阻止恒星核心的坍缩。实际上，这是一个相当迅猛的过程，会产生强大的冲击波，穿过恒星向外传播。虽然其中的细节仍然是一个谜，但天文学家相信这是他们观测到的 Ⅱ 型超新星的开端。在这个过程中，恒星的大部分外层被吹走，但有些物质又落回核心，形成中子星。

与由电子简并压力支撑的恒星钱德拉塞卡极限类似，中子简并压力可以支撑的质量也有一个上限，有时被称为托尔曼–奥本海默–沃尔科夫极限（Tolman-Oppenheimer-Volkoff limit），简称TOV极限。中子星的密度极大，其核物质的物理属性目前还不太清楚，这就意味着TOV极限的实际值存在很大的不确定性。通过对中子星的观测，我们知道它的质量至少是太阳的两倍。理论告诉我们，如果我们做出一个看似合理的假设，即中子星内的声波传播速度低于光速，那么中子星的质量不会超过太阳的三倍。如果有足够的物质被吸积到核心，使得中子星的质量超过TOV极限，中子星就会开始坍缩。坍缩或许会产生比中子星核心更致密的、尚未被发现的核物质相，但只要这些新物质相内的声速低于光速，核心的质量就不会超过太阳的三倍。一旦超过这一极限，按照广义相对论的预测，一个黑洞将会形成。

让我们回到天鹅座 X–1，我们知道这个双星系统中的伴星的质量约为太阳的 15 倍。比它质量大得多的可见恒星（比如，天鹅座 X–1 中的可见恒星）当然存在，但由于这颗伴星不可见，它肯定不是由恒星演化过程产生的一颗普通恒星。然而，15 倍的太阳质量已经远远超出了 TOV 极限。所以，我们推断出这颗伴星不会是一颗普通恒星、一颗白矮星、一颗中子星，或者由普通（重子）物质构成的类星体。

它有可能是一颗由暗物质构成的"暗星"吗？暗物质是与普通物质之间的相互作用非常微弱（或根本没有）的假想粒子或粒子族。这也是我们"看不见"暗物质的原因，它与电磁场之间的相互作用太弱，无法产生足够多的可见光子。暗物质假说早在几十年前就已经出现，主要用于解释下面的观测：在银河系及更大的尺度上，天文学家看到恒星和星系的运动就好像受到了一个很强的引力牵引，而这个引力比所有已知形式的周围物质（比如恒星、尘埃、气体、光、中微子等）产生的引力都要强得多。我们不知道是什么产生了这种反常的引力，但至少在今天，不少科学家都猜测它是某种形式的暗物质。在这种推测的基础上，暗物质可以聚集在一起形成看不见的致密天体，天鹅座 X–1 中的不可见伴星可能就是其中之一。然而，暗物质假说本身并没有排除黑洞的存在（事实上，有人提出黑洞就是暗物质），所以人们不得不对其他猜想进行整理，尝试回答像天鹅座 X–1 这样的双星系统中的伴星是什么之类的问题，并确认"暗星"是理论上合理且可能的答案。

还有其他证据表明，天鹅座 X–1 中看不见的伴星确实是一个黑洞（见图 5–1）。其中最令人信服的证据来自伴星附近明亮的 X 射线辐射。尽管可见恒星的确发射了一些 X 射线光子，但其数量并不足以解释可观测的 X 射线光度。如果这颗伴星是一个黑洞并且足够接近恒星，它就能够从星风中捕获大量的气体和尘埃。这些物质会在黑洞周围形成一个鼓胀的吸积盘，但由于物质的黏滞性和磁场的作用，这些物质将缓慢地向黑洞方向移动，直至到达最内稳定圆轨道。回顾一下第 3 章的内容，最内稳定圆轨道是任何沿测地线运动的粒子可以环绕黑洞而不会落入其中的最内轨道。对不旋转的施瓦西黑洞而言，最内稳定圆轨道是事件视界半径的三倍；但对旋转黑洞来说，最内稳定圆轨道会更靠近视界。对极限黑洞而言，最内稳定圆轨道会和视界重合。气体在到达最内稳定圆轨道后，会迅速落入黑洞。因此，黑洞不断地吸积物质，它周围的物质盘被称为吸积盘。在向内运动到最内稳定圆轨道的漫长过程中，气体逐渐被加热。加热的能量来自气体向黑洞运动时释

图 5-1　一个黑洞－恒星双星系统可能的样子，比如天鹅座 X–1。其中恒星的半径可达数百万千米，而潜伏在吸积盘中心的黑洞半径最多只有几百千米。因此，最内稳定圆轨道（大部分 X 射线辐射产生的地方）之外的吸积盘内区在这幅图的尺度上是不可分辨的。由黑洞自旋驱动的物质喷流从吸积盘内区射出

放的引力势能。①越靠近黑洞，气体就越热，这意味着被发射出去的光子的平均能量也越高。因此，最高能量的光子来自最内稳定圆轨道附近。由于最内稳定圆轨道的大小与黑洞的质量有关，从吸积盘发射出去的最高能量的光子衡量了表示黑洞大小的指标之一。对于几倍太阳质量的黑洞，比如可能存在于天鹅座 X–1 中的那个黑洞，最内稳定圆轨道附近的光子发射对应于X射线辐射。而且，吸积盘上不规律的物质流会导致X射线的亮度发生变化，这被称为准周期振荡（quasi-periodic oscillation）。准周期振荡的最短时标对应于最内稳定圆轨道处的粒子轨道周期，恒星质量黑洞的振荡频率大约是几百赫兹（对应于几毫秒的振荡时标）。在天鹅座 X–1 和其他许多可能的X射线双星黑洞中，天文学家都观测到了准周期振荡现象。

为什么伴星是一个黑洞？这个问题的答案（它的质量太大了，所以它不可能不是黑洞）就是这么简单，正如我们解释过的那样，它依赖于一条很长的理论论证链条。其中一些理论（比如核密度以下的恒星演化）观点已经被观测和实验证实，另外一些（比如核密度的物质性质）则仍不确定。有

———————————

① 这与我们在第 4 章讨论轨道时提及的势能一样。区别在于，在逐渐靠近黑洞的过程中，气体分子由于势能减少而获得的动能是均匀分布的。这种均匀分布通过气体和附近分子之间的碰撞得以实现，最终使气体温度相应升高。这种引力势能和在地球表面的不同高度处的物体具有的能量属于同一类型；我们将在后文中更详细地讨论这个问题，以及它与吸积盘之间的关系。

一种观点很有可能是正确的，但还只是猜想（不存在能够发射X射线的、致密的大质量暗星），因此更保守的说法是，像天鹅座X–1这样的大质量X射线双星的观测性质与对黑洞的解释是一致的，而且目前没有人能在常规的、经过充分验证的理论框架下提出另一种可能的解释。在2015年9月14日之前，对黑洞的物理实在来说，这是一个我们能够提出的最好的观点。然而就在那天，LIGO探测到的两个黑洞合并事件改变了一切。科学永远不能对诸如此类的事件做出百分之百的确定性描述，但在引力波中观测到的碰撞，彻底排除了所有只依靠广义相对论的真空解，并运用非引力理论解释天鹅座 X–1（或者是我们接下来要讨论的类星体）的论证方法。我们将在第 6 章中更全面地介绍这次激动人心的观测，可以说它建立了天文学的一个新分支。

自 20 世纪 60 年代末以来，关于宇宙中存在第二类黑洞的证据一直在稳定地增加。也就是说，人们首次将黑洞与类星体联系在一起。"类星体"一词创造于 20 世纪 60 年代，源于"类恒星天体"。那时，这个词的意思是："我们不知道这些东西究竟是什么，但它们确实很明亮。"现在我们认为类星体就是"活动星系核"（active galactic nuclei），它是星系中心黑洞附近的一个充满物质的区域，物质被卷入黑洞时会发出大量辐射。类星体是极其明亮又极其遥远的天体，距离地球有几十亿乃至几百亿光年[①]之遥。想知道这个距离有多远，可以想一下我们的银河系的直径约为 10 万光年。类星体远比一个拥有数十亿颗恒星的星系明亮，其中心的黑洞质量为太阳的几百万倍乃至数十亿倍，被称为超大质量黑洞。因此，从某种意义上说，类星体比 LIGO 发现的第一例黑洞合并事件还要令人惊叹，这次合并事件仅从黑洞中抛出了相当于三倍太阳质量的能量，而两个黑洞合并后的质量约为太阳的 65 倍。不过，在十分之几秒的时间内，三倍太阳质量的能量就从合并的黑洞中爆发出来。想象一下，如果合并的是两个超大质量黑洞，将会发生什么？

与 X 射线双星一样，我们应该谨慎地对待类星体的中心就是黑洞这个观点。该说法可以追溯到 1969 年，当时英国天体物理学家唐纳德·林登·贝尔意识到，只需假设黑洞供能，就可以解释活动星系核的光度。他还风趣地用"施瓦西喉"（Schwarzschild throat）一词来替代"黑洞"一词（这个词是约翰·惠勒在几年前提出来的）。林登·贝尔提出的用于解释类星体辐射的机制，与天鹅座 X-1 中的 X 射线辐射的来源相同，也是吸积盘。但活动星系核的不同之处在于，由于黑洞更大，源自吸积盘的光度会在更长的波长处达到峰值，或者说，吸积盘在电磁波谱的无线电波到可见光波段表

---

① 1 光年 ≈ 9.5 万亿千米。——编者注

现得更为明亮。更大尺寸的黑洞也可以解释在类星体辐射中观测到的几分钟或几个小时的振荡时标，它类似于我们在天鹅座 X–1 中观测到的几毫秒的准周期振荡，但因为超大质量黑洞的最内稳定圆轨道更大，相应地，周期也更长。附近星系的气体和尘埃，以及因太靠近黑洞而被潮汐力撕裂的恒星，都为超大质量黑洞的吸积盘贡献了"食物"。总的来说，黑洞的吸积盘每年消耗的物质多达太阳质量的数十倍甚至数百倍。因此，是吸积盘而非黑洞本身产生了光。它们是年轻星系的明亮灯塔，我们今天看到的星光通常产生于数十亿年前。

乍看之下，我们可能会惊讶于吸积盘竟然能够提供如此强大的能量，使类星体发出的光比星系中所有恒星的光加起来还要亮。这种能量来自环绕黑洞的物质的引力势能，和我们每天在地球上接触的引力势能是一样的。比如，我们在水力发电厂中使用的能量就是引力势能。水从地势较高处向地势较低处流动，引力势能随之降低，发电厂将水失去的引力势能转化为电力，为我们提供照明。类星体与之类似，但类星体的功率相当于大型水力发电厂的 10^{30} 倍。对黑洞而言，当物体从远处掉落到最内稳定圆轨道处时，我们用占物质总静能（$E = mc^2$）的比例，有效地描述转化为其他形式的势能的多少。这个比例取决于黑洞的自旋，因为最内稳定圆轨道的位置也与自旋相关。无自旋黑洞的这个比例是 6%，而最大自旋的黑洞能达到 42%。[1]这个数字相当高，相比之下，从 100 米高的山上流下来的水中可以获得的能量，仅占静能的百万亿分之一。[2]我们目前可利用的效率最高的能量是铀裂变反应堆产生的核能，但就算耗尽反应堆中的所有铀燃料，释放出的能量至多不超过静能的 0.1%，与理论上黑洞吸积盘释放的能量相比，可谓九牛一毛。我们认为，大多数活动星系核都能够释放出接近最大可能效率的能量。主要原因在于，当气体被加热并开始释放出大量能量时，热压力变得足以抗衡气体内流，而且一部分气体会被星风吹走。

随着黑洞的概念被接纳，天文学家也开始用黑洞来解释类星体的性质。一个问题接踵而至：那些没有活动星系核的星系是否也拥有超大质量黑洞呢？事实上，林登·贝尔在他 1969 年的论文中提出了这种可能性。由于没有活动星系核的星系吸积盘没有太多的气体，它们将处于休眠状态而不会发光。对附近的星系而言，我们可以测量星系中心附近恒星的

---

[1] 值得注意的是，这种引力势能与利用彭罗斯过程从黑洞自旋中提取的能量是不同的。对吸积盘而言，旋转黑洞之所以能释放出更高比例的能量，是因为自旋使最内稳定圆轨道更靠近视界。随着气体向内运动到最内稳定圆轨道，可利用的引力势能就会越来越多。一旦到达最内稳定圆轨道，物质就会迅速落入黑洞，这个速度极其快，以至于它获得的动能根本来不及用于加热周围气体。

[2] 然而，如果我们进行一个思想实验，让地球坍缩成一个黑洞，它的最内稳定圆轨道距离中心也就几厘米。让水从 100 米的高度向下流到这个半径处，同样会产生相当大比例的能量。

多普勒频移平均值。由此推断出的轨道动力学表明，在所有较大星系的中心都存在超大质量黑洞。我们的银河系亦如此，银心距离地球足够近，所以我们能够分辨出银心附近的几个独立的恒星轨道。这些恒星显然是在围绕一个黑洞运行，这个黑洞的质量大约是太阳的 400 万倍。就超大质量黑洞的尺寸而言，它属于较小的一类，但与银河系的大小相匹配（更大的星系中心往往有更大的黑洞）。这个黑洞的位置与位于人马座中的明亮射电源一致，被称为人马座 A*（Sagittarius A*）。人马座 A* 的辐射来自黑洞周围的吸积盘，但与活动星系核相比，人马座 A* 非常暗淡，肯定处于休眠状态。

　　与恒星质量黑洞不同，关于超大质量黑洞是如何形成的，目前还没有被普遍接受的理论。一种假说提出，它们是由在大爆炸发生的几亿年后诞生的第一代大质量恒星坍缩而成的。这些黑洞最初的质量是太阳的 10~100 倍，在新形成的星系中心"定居"下来后，它们又通过吸积气体和与其他黑洞合并而增大。但是，我们今天看到的类星体的光来自大爆炸发生的大约 10 亿年后，这意味着超大质量黑洞在那时就已经存在了。在这种情况下，吸积/合并假说很难解释，黑洞是如何在宇宙学上的短短几亿年内长到如此巨大的。另一个假说提出，现在的超大质量黑洞的种子可能来自宇宙的更早时期（甚至在大爆炸之前）。这类黑洞被称为"原初黑洞"，目前还没有令人信服的理论能解释它们的形成机制，也没有相应的观测证据。

在本章即将结束的时候，我们简要地介绍一个名为"视界面望远镜"的激动人心的天文项目。该项目已经开始提供银河系黑洞"阴影"的图像，以及较近（距离地球5 000万光年）的M87星系中超过10亿倍太阳质量的黑洞图像。这两个黑洞的特殊之处在于，它们的施瓦西半径的角尺寸比任何已知的黑洞都要大。对人马座A*来说，这是因为它（相对而言）离我们非常近，而对M87来说，这是因为它本身就非常巨大。视界面望远镜实际上是全球各地协同观测的射电望远镜的集合。当它们同时观测同一射电源时，可以利用类视差效应（一种被称为"干涉测量"的技术），有效地获得相当于地球大小口径的望远镜所具备的角分辨力。这样一来，它们就能分辨天空中尺度非常小的结构，这对我们看清黑洞视界面是很有必要的。比如，人马座A*的事件视界的角尺寸只有60微角秒[1]。要辨认出这个特征，就如同要在地球上看清月球表面上的一枚硬币的图案！虽然这种干涉测量技术无法赋予射电望远镜像地球大小口径的望远镜那样的集光力（它们的集光面积仍然只等于它们的表面积之和），但对观测人马座A*和M87而言，分辨力更加重要。当然，它们不能"看到"任何一个黑洞本身，但它们能看到黑洞周围的吸积盘发出的光。这些光（大部分）会遵循黑洞时空的测地线传播，但正

---

① 1微角秒=10^{-6}角秒。——编者注

如我们在第 3 章和第 4 章中看到的那样，视界面附近的时空
弯曲是如此剧烈，以至于光子的运动轨迹也会极其弯曲，有
些甚至会在逃向我们之前，绕黑洞光环运动好几圈。其结果
是，吸积盘看起来严重变形。除了标志着光环位置的一个亮
环外，吸积盘图像内部的环状部分显得比较暗（"阴影"），这
个区域约为施瓦西半径的几倍大（见图 5–2）。如果我们从侧
面观测这个吸积盘，它离我们较近的一端会穿过阴影。而且，
我们之所以能够在阴影的上方和下方看到黑洞背后的那部分
吸积盘，也是因为光线发生了弯曲。

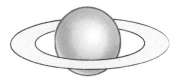

在牛顿引力理论中环绕球状
天体的盘（比如土星环）

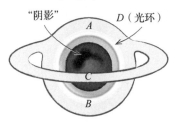

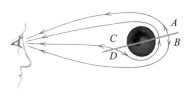

图 5-2　黑洞的"阴影"。在牛顿引力理论（上图）中，来自大质量天体的盘的光
线不会偏折，我们看到盘未被遮挡部分的图像没有变形。而在黑洞（下图）周围，
时空曲率是如此之大，以至于光路被严重地弯曲，盘的所有部分都可见。这些弯曲
光线中的一些光路如右下图所示，它们形成了左下图的图像

第 6 章

黑 洞 碰 撞

在本书的第 3 至 5 章中，我们关注的都是彼此孤立的黑洞。我们对超大质量黑洞周围的恒星轨道，以及黑洞周围吸积盘的形成方式尤其感兴趣，因为这些现象为我们提供了黑洞存在的最好证据，或者说在 LIGO 探测到两个黑洞碰撞产生的引力波之前的最好证据。这次碰撞发生在 10 亿多年前，以光年为单位，距离我们也是相当遥远。[①]在本章中，我们将解释这一重大事件背后的理论：什么是引力波？为什么黑洞会碰撞，并产生引力波？为什么自爱因斯坦发表广义相对论算起，科学家花了 100 年才第一次直接探测到引力波？

黑洞碰撞可能是广义相对论领域最猛烈的事件。虽然宇宙起源时的大爆炸无疑更富戏剧性，但要描述时间的起源，我们还需要比广义相对论更大的理论。物理学家仍在寻找正确的理论框架，用于充分解释宇宙大爆炸。不过，黑洞碰撞

① 由于宇宙膨胀，我们现在与两个黑洞合并位置之间的距离，要比引力波传播到地球所经过的距离大一些。

并不需要这样的大理论，有爱因斯坦场方程 $G_{\mu\nu} = 8\pi G_N T_{\mu\nu} / c^4$ 就够了。事实上，对于许多黑洞的碰撞，我们或许还可以忽略应力–能量张量（Stress-energy tensor，$T_{\mu\nu}$，在不存在物质的情况下，$T_{\mu\nu} = 0$），因为黑洞之外物质的总能量相比黑洞自身的静能是微不足道的。因此，为了描述黑洞碰撞，我们只需求解一个看起来极其简单的方程组：$G_{\mu\nu} = 0$。一幅著名的图像（图 6–1）展示了爱因斯坦正在写下一个等价方程：$R_{\mu\nu} = 0$。在这里，$R_{\mu\nu}$ 是里奇张量（Ricci tensor），它与爱因斯坦张量（Einstein tensor，$G_{\mu\nu}$）紧密相关，在不存在物质的情况下这两个张量是等价的。爱因斯坦对下标 i 和 k 的选择只是个人偏好问题，他也可以写成 $R_{\mu\nu} = 0$。

我们在前文中讨论过爱因斯坦场方程，但在我们讨论黑洞碰撞之前，有必要先花点儿时间回顾一下这个场方程描述的物理直觉。简言之，场方程给出了物质告诉时空应该如何弯曲的数学形式。如果没有物质，场方程允许的时空将会是什么样子？其中一个例子就是完全没有曲率的时空。换句话说，完全平直的时空是真空场方程的解，但它不是唯一的解。事实上，真空场方程允许的另一个时空就是孤立的黑洞。正如我们了解到的那样，在黑洞视界之内，可能存在奇点或其他奇异的特征，使得应力–能量张量不为零；但在视界之外，则可能没有任何物质存在。我们不应该过于在意黑洞内部的情况，因为没有任何内部信号能够被我们接收到。所以最简单的观点是，即使在不存在任何物质的情况下，孤立黑洞也是时空弯曲的例子。相互绕转的黑洞为真空场方程提供了又一个解。最终，一对相互绕转的黑洞将会旋近并合并成一个快速自旋的克尔黑洞，这就是 2015 年 9 月 14 日 LIGO 探测到的重大事件。

图 6-1　爱因斯坦写下广义相对论的真空场方程，这是在不存在任何物质的情况下爱因斯坦场方程的一个特例

　　真空场方程的一类更重要的解是引力波。正如我们在第 1 章中解释的那样，我们应该用类似于麦克斯韦描述光的方式来理解引力波。回想一下，光是电场和磁场的行波，电场的空间变化引起磁场的时间变化，反之亦然，并且两者都遵循麦克斯韦电磁方程。我们通常认为，电场因电荷的存在而产生，磁场则因电流的存在而产生。但从光的角度看，电场和磁场一旦被创造出来，就会不断地传播，或者至少在遇到吸收或散射它们的某种物质之前是这样的。引力波与之相似：

平直时空度规的扰动将永远传播下去，根据真空场方程，度规的空间变化也会引起时间的变化。

让我们进一步探求引力波与光之间的相似性。电磁波是由加速运动的电荷产生的，比如，无线电塔通过导体来回传输高频交流电，这些电流（加速运动的电荷）是电场和磁场产生的首要原因，它们向外传播，并被某台无线电设备接收到。无线电波与可见光其实是同样的东西，只不过前者的波长较长，原则上可见光也可以通过类似的电荷加速运动产生。同样地，引力波是由物质的加速运动产生的。在引力系统中，加速的一种常见形式是圆形轨道的向心加速度。我们在第2章结尾处提过这样的例子，由于两颗星相互绕转的轨道运动，双星系统会产生引力辐射，被这种辐射带走的能量导致两颗星的轨道很明显地彼此旋近。所以，彼此旋近的黑洞系统也会发出引力辐射，这可能就不足为奇了。然而，从哲学的角度看，引力辐射源自一个什么也没有的时空（它是真空场方程的解），这是非常令人吃惊的。这也引出了我们之前提出的一个观点：引力自身受到引力作用。

LIGO探测到的引力波时常被比作声音，众所周知的是，LIGO团队的负责人将他们听到的啁啾声和砰砰声比作"宇宙的音乐"，既令人振奋又很形象。但在这里，我们想强调引力波和声音之间到底有什么不同之处。声音是空气中的压缩波，这意味着声波是由在空气中传播的高压和低压区域交替组成的。单个空气分子不停地做杂乱无章的热运动，但在这种复杂的随机运动的基础上，当空气分子被高压区域向前压时，平均而言声音就会使空气分子稍微靠近听众，随后低压区域又会将空气分子往回吸，使它们稍微远离听众。这是纵波的一个例子，其中"纵"是指构成波的内部运动和波的传播沿同一方向进行。与之相反，横波的一个日常例子是，沿水平方向拉紧的一条绳子上的波。如果我们上下晃动绳子的一端，就可以看到一种上下的扰动在沿着绳子传播。其中"横"是指构成波的内部运动（在绳子的例子中是上下运动）与波的传播（在这个例子中是水平运动）在方向上互相垂直。引力波（以及光）是横波，一个有意思的相关现象是，在一个完美的球状外壳中，所有物质加速向外运动的爆炸根本不会产生引力辐射。[①]试图用这种方式产生引力波，就好比只拉紧绳子但不让其向上或向下振动，却想制造上下振动的横波。相比之下，声音则表现得十分不同：爆炸的球状外壳会产生非常巨大的声音，这是因为爆炸形成了和声音的自然传播方向相同的向外运动。

声音和引力波之间更基本的区别在于，声音的传播需要媒介，通常是空气，也可以是水或固体材料。但声音不能穿过真空，光和引力波却可以。根据现代的观点，时空是引力

---

① 有些超新星爆发是在足够接近球状的壳中发生的，尽管物质的加速运动非常剧烈，它们也不会产生很多引力波。

波的媒介，这与物质为声波提供媒介的方式非常相似。从这个角度看，将引力波与声音区分开的实际上是引力波的横波特征，而不是物质介质的存在与否。

引力波的横波特征对引力波探测器的设计而言至关重要。因此，让我们仔细思考一下引力波是什么样子。为了生动地描述它们，请想象一下，引力波垂直向下朝着位于路易斯安那州利文斯顿的LIGO探测器而来。引力波只是时空度规的扰动，它们能做的也只是改变距离。为了准确地理解这一点，想象在LIGO探测器的位置上，你构建了三维立方体网格测量设备，这些设备上都有同步的时钟，它们通过交换射线就可以追踪彼此之间的空间距离如何随时间变化（见图6-2）。（如果预算允许，LIGO团队的科学家也许就能精确地做到这一点！）如果没有引力波，设备组态将保持稳定。当引力波击中它们时，又会发生什么呢？你首先要明白的一点是，垂直距离根本不会改变，那是因为引力波是横波，我们想象中的引力波是垂直向下的。然而，在南北方向上，设备之间的距离将先增加到最大分离量，然后减小到最小分离量，在引力波经过的每个周期都是这样。在东西方向上，我们将观测到相同的距离变化，但与南北方向的相位完全不同。换句话说，引力波在"拉伸"南北方向空间的同时，会"压缩"东西方向的空间，反之亦然。

利文斯顿的LIGO探测器比我们在这里想象的立方体网

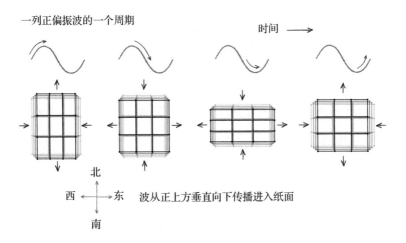

一列正偏振波的一个周期

时间 ⟶

北
西 ◄──►东　波从正上方垂直向下传播进入纸面
南

图 6-2　经过的引力波对立方体网格测量设备的影响。我们可以想象安放在设备每个点上的探测器，它们会测量网格的距离如何随时间变化

格测量设备要简单得多。它的一条干涉臂从中央设施向南偏东一点儿的方向延伸出去4千米，它的另一条干涉臂向西偏南一点儿的方向延伸出去4千米，两条干涉臂相互垂直。干涉臂的准确方向对我们的讨论来说并不重要，所以在接下来的讨论中，我们会假设它们分别朝着正南和正西方向。就像前文中想象的测量设备一样，LIGO由三台测量设备组成，一台在中央设施里，另两台分别在两条干涉臂的末端。LIGO本身并非一种理想化的设施，但LIGO采用的精密激光干涉测量法被视为一种理想化的方式，通过让这三台测量设备相互交换射线来追踪它们之间的距离随时间的变化。实际上，LIGO并不追踪绝对距离，而是追踪两臂之间的距离随时间的变化。简言之，LIGO测量的时空远小于我们想象的立方体网格测量设备，但足以探测前文所述的引力波的拉伸–压缩模式。

现在，假设引力波沿东北–西南轴线拉伸时空，同时沿西北–东南轴线压缩时空。我们有理由相信，这种类型的引力波一定和我们之前关注的那种同样普遍。我们可以将沿南北和东西方向的拉伸–压缩模式称为正（＋）偏振波，将沿西北–东南与东北–西南轴线的模式称为交叉（×）偏振波。这些名字来自拉伸–压缩模式与符号"＋"和"×"的相似之处。换句话说，正偏振波是交叉偏振波旋转45度后的版本。

现在，一个令人震惊的事实是：利文斯顿的LIGO探测器无法探测到交叉偏振的引力波！原因在于，这种模式不会改变两条干涉臂之间的距离。当交叉偏振波经过探测器时，两条干涉臂之间的夹角会先增加然后减小，但这个幅度太小而不可测量。幸运的是，大多数引力辐射既不是纯粹的交叉偏振波，也不是纯粹的正偏振波，而是两者的叠加。所以，利文斯顿的LIGO探测器对两种可能的偏振波的灵敏度并不像它乍看上去的那么高。回想一下，我们只讨论了来自上方的引力波，但引力波肯定会或多或少地朝各个方向传播。利文斯顿的LIGO探测器对引力波的灵敏度，实际上会随着引力波的方向和偏振模式而变化，汉福德的LIGO探测器亦如此。这与老式电视机的兔耳天线的情况差不多，有时需要经过精密的调整才能获得最佳信号。

最后，两台LIGO探测器的测量对象是非常简单的，即两臂间距的差异。但是，这个测量结果可以达到惊人的精度。比如，当LIGO探测器达到最终设计的灵敏度时，它们能够测量到 10^{-19} 米尺度上的距离变化，仅为质子大小的万分之一！像这样令人难以置信的精度是很有必要的，因为由引力波造成的时空拉伸和压缩距离都极其微小。比如，水星绕太阳的轨道运动也会产生引力波，但LIGO探测器无法测量到它们，因为它们太弱了，而且频率太低了。在2015年9月14日之前，没有任何测量设备灵敏到能探测出任何引力波。通往首次探测成功的道路是漫长且艰苦的，世界各地的许多科学家花费了几十年的时间建造更灵敏的引力波探测器。现在，在引力波天文学时代的黎明降临之际，LIGO 探测器也只能探测到像黑洞合并这样的灾难性事件。我们希望随着引力波探测器灵敏度的提高，最终能够捕捉到更多微弱的引力波信号。由此可见，引力为我们提供了一个矛盾性的研究课题：它的力量足够强大，可以征服其他一切事物，形成黑洞；但它又如此微弱，就连像中子星碰撞[1]这样可怕事件的引力波也无法被我们最灵敏的测量设备感知到。

让我们停下来思考一下迄今为止我们学到的关于黑洞碰撞和探测的知识。我们所做的"一切"都是为了研究真空场方程 $G_{\mu\nu} = 0$ 的解，从这个意义上讲，这是一个简单的问题。但问题是，在实践中，这些方程非常难解，我们接下来会解释其原因。我们感兴趣的解描述了黑洞互相旋近并发出引力辐射的过程，这种引力辐射在时空中传播，作为时空的变形被 LIGO 探测到。在一个方向上距离会被微弱地压缩，同时在与其垂直的方向上距离会被微弱地拉伸，然后在第一个方向上距离会被微弱地拉伸，同时在第二个方向上距离会被微弱地压缩。接下来，我们要做的就是更全面地介绍黑洞碰撞的过程中发生了什么，以及如何将广义相对论对它们的描述转化成 LIGO 探测引力波的实用方法。

第一次听到"黑洞碰撞"这个词时，人们会很自然地联

---

[1] 由双中子星合并产生的引力波信号于 2017 年 8 月被 LIGO 和 Virgo 共同探测到。——译者注

想到两个互相靠近的黑洞向着对方疾行最后迎头相撞的画面。这是有可能发生的，并会产生大量的引力辐射，但我们认为这是非常罕见的事件，因为黑洞并非在宇宙中普遍存在（这对我们来说是一件幸事！），与它们的大小相比，它们之间存在很大的空间距离。即使在一个拥挤的环境（比如一个球状星团）中，其中心也可能包含数百个黑洞。即使最近的"邻居"之间的平均距离只有一个光月（约 8 000 亿千米），这种碰撞可能也要每 10 亿年或更长时间才会发生一次。这是因为两个黑洞在随机的碰撞过程中发现彼此是极不寻常的事件。

更常见的情况是，恒星双星系统中的恒星质量都足够大，它们在生命的尽头都会坍缩成黑洞，从而形成双黑洞系统。这两个黑洞虽然不会立即发生碰撞，但最终总会如此，因为它们没有足够的速度去摆脱相互之间的引力作用。为了进行明确的讨论，我们假设这两个黑洞与产生 2015 年 9 月 14 日被 LIGO 观测到的引力波信号的那对黑洞类似，每个黑洞都是 32 倍的太阳质量，它们的初始距离是 38.4 万千米，这也是地球和月球之间的平均距离。我们还假设这两个黑洞都没有明显的自旋，当它们相距甚远时，每个黑洞都可以很好地用施瓦西解来描述。每个黑洞都有半径为 95 千米的球状事件视界。由于引力辐射导致的能量损失，它们的轨道将缓慢地彼此旋近，直至视界发生接触，这一过程大约需要 210 年。两个黑洞间的初始距离越远，彼此旋近需要的时间就越长。事实上，这个时标是初始距离的四次方。换句话说，如果两个黑洞间的初始距离为两倍，它们需要花费16倍的时间完成旋近过程。这种比例关系也使得如下论述变得更加精确：旋近过程刚开始时是缓慢的，随着两个黑洞彼此越来越接近，它也变得越来越快。LIGO第一次发现的双黑洞系统，其旋近过程的早期阶段可能持续了数十亿年。正如我们即将介绍的那样，LIGO探测到的旋近过程的最后阶段只持续了几毫秒。

我们讨论的双黑洞系统发出的引力波频率是轨道频率的两倍。这个频率随着旋近的过程不断增大，反映了随着两个黑洞之间的距离越来越近，绕转速度也越来越快的事实。引力辐射的能量损失会使轨道运动逐步加快，这一点似乎是违背直觉的。其原因在于势能和动能的平衡：随着两个黑洞靠得越来越近，它们的引力势能急速下降，使得它们能够在发出引力波的同时增加它们的动能。

递增的频率对LIGO搜索黑洞碰撞事件而言是非常重要的，LIGO对30~1 000赫兹范围内的引力波频率更加敏感。就声波而言，这处于人类的听觉范围内，因此尽管我们讨论了横波与纵波的区别，但LIGO团队的科学家声称他们在倾听引力波的声音也是无可厚非的。前文中假设的双黑洞系统旋近的声音，在它们相距990千米处达到30赫兹（低沉的隆隆声），此时离它们合并仅剩290毫秒。在这个阶段，黑洞以每秒47 000千米的速度彼此绕转，这个速度比光速的

15% 多一点儿。频率迅速增加，合并开始时达到 190 赫兹左右（接近中央 C 调之下的 G 调，在正常说话声音的频率范围内）。此时，两个黑洞的绕转速度接近每秒 86 000 千米，差不多是光速的 1/3。两个事件视界合并成一个单一结构，看起来就像一个旋转的花生壳。

读者可能会想到，我们讨论的频率（从几十到几百赫兹）只比天鹅座 X–1 黑洞的准周期振荡频率小一点儿。这两者之间有什么联系吗？确实有！回想一下，几百赫兹的频率范围对应于几毫秒的时标，表征了从天鹅座 X–1 黑洞的吸积盘发出的 X 射线变化的最短时标。其原因在于，这个时标对应的是天鹅座 X–1 中心黑洞的最内稳定圆轨道处的粒子轨道周期。相似地，一个稍小的频率范围则对应于一个稍大的时标，表征了合并时两个各有 32 倍太阳质量的黑洞在疯狂地彼此绕转。

一旦事件视界合并，基于无毛定理，我们凭直觉就可以知道接下来会发生什么：高度不规则的花生壳形状的黑洞将稳定下来，成为稍扁平的球状克尔黑洞。这个过程被称为"铃宕"，它起初是相当剧烈的。许多不同频率的引力波都是在铃宕过程中发出的，其中最强的频率为 300 赫兹（接近中央 C 调之上的 D 调）。铃宕波会迅速衰减，它的振幅每过 8.6 毫秒便下降为上一个的 1/10。因此，在合并后的 8.6 毫秒时振幅降至合并时的 1/10，在合并后的 17 毫秒时振幅降至合并时的 1/100，在合并后的 26 毫秒时振幅降至合并时的 1/1 000，依次类推。这样一来，在几分之一秒内，合并后的黑洞就会稳定下来，成为一个完全静态的克尔黑洞。

总而言之，在双黑洞系统的整个演化过程中都会产生引力波，经过长期、渐进的旋近过程，两个黑洞的视界合并在一起，再经过铃宕过程，最后形成一个稳定的克尔黑洞。到目前为止，最强的引力辐射产生于合并事件发生后的几毫秒之内。该辐射的频率处于可听范围，从低沉的隆隆声升高为最后的"呐喊"声。如图 6–3 所示，整个波形就是引力波的"啁啾"，在这个可听范围（LIGO 的主要灵敏区间）内，它只持续了几分之一秒。更大质量的双黑洞碰撞会产生更低的啁啾，比如，质量都超过 60 倍太阳质量的双黑洞合并产生的啁啾频率过低，以至于 LIGO 无法探测到。相反，较小质量的黑洞合并会在 LIGO 的灵敏区间内产生更长时间的啁啾，并且会以呐喊声结束。啁啾的音高与双黑洞的总质量有关，因为啁

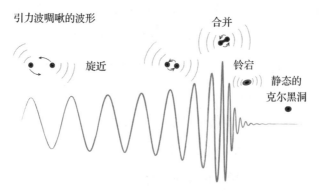

图 6-3 双黑洞碰撞产生的引力波啁啾的波形

啾来自它们合并前的最后几次绕转，这几次绕转的持续时间与最终的视界半径成正比，最终的视界半径又与双黑洞的总质量成正比。

LIGO"听"到的第一个双黑洞合并事件发生在 10 多亿年前。这个时间非常早，引力波的啁啾整个波形由于宇宙膨胀而红移了近 10%，这种效应与多普勒频移相似。换句话说，当到达地球的时候，这个啁啾听起来似乎来自比实际质量大 10% 的黑洞。你可能想知道，我们能分辨出来自被红移了 10% 的遥远黑洞的啁啾，与来自质量大 10% 的未被红移的附近黑洞的啁啾之间的差异吗？答案是：来自附近黑洞的啁啾振幅要大得多，而波的振幅与传播距离成反比。因此，如果我们从基本原理（通过求解真空场方程）出发去理解由双黑洞合并产生的啁啾的强度和频率，我们就可以根据观测到的啁啾的强度和频率，推断产生它的双黑洞与地球之间的距离及双黑洞的总质量。

尽管发射引力波造成了巨大的能量损失，但合并形成的大黑洞最终仍然得到了以自旋形式存在的相当大的旋转能量。新形成黑洞的自旋也取决于两个初始黑洞的自旋。在我们讨论的例子中，两个初始黑洞都是无自旋的，而新形成的克尔黑洞的自旋却相当于广义相对论允许的自旋最大值[①]的 70%。

---

① 自旋最大值为 1。——译者注

新黑洞有 61 倍的太阳质量，而引力波带走了相当于三倍太阳质量的能量。当我们使用 $E = mc^2$ 方程时，总能量是守恒的：我们从 64（32 + 32）倍的太阳质量开始，以剩余的 61 倍太阳质量加上相当于 3 倍太阳质量的引力辐射结束。因此，双星系统总质量的 5% 以引力辐射的形式出现，而且绝大多数辐射都是在最后几次绕转、合并和铃宕阶段发出的。作为一个百分数，5% 的能量辐射听起来不那么令人印象深刻。然而，它的功率（能量辐射率）却令人难以想象。相当于 3 倍太阳质量的能量在几分之一秒的时间内辐射出去，达到了 4×10^{49} 瓦的光度峰值。如果没有比较，我们就很难理解这个数字究竟有多大。所以，让我们来看看下面这组数据。太阳的光度为 4×10^{26} 瓦，大约是人类活动总能耗的 2×10^{13} 倍。在我们的星系中约有 1 000 亿颗恒星，在可观测的宇宙中约有 1 000 亿个星系，假设每颗恒星的平均光度与太阳一样，那么整个宇宙的恒星光度与 10^{22} 个太阳的光度相当。但就功率而言，这个数字只有双黑洞碰撞的最后几毫秒的光度的 1/10！那才是能够产生足够大的时空涟漪所需的灾难性事件，我们也因此才能在地球上探测到它们。

　　如此巨大的能量释放难道不会撕裂甚至撕碎时空的结构吗？这样的表述有些不严谨，更严肃的问法应该是：在时空中发生的如此剧烈的振动，是否会产生除了现有奇点之外的新奇点，无论它们是被包裹着还是裸露着？答案是否定的，尽管引力波威力巨大，但还没有强到这一步。如果光度接近 4×10^{52} 瓦（"普朗克光度"，它将牛顿引力常数和光速结合成一个以功率为单位的量），答案可能就不同了。

那么，黑洞合并造成的时空振动有多大呢？在非常接近双星系统的地方，很难说清楚时空结构变化的哪些部分可能归因于引力波，而哪些部分则只与两个黑洞的运动有关。在最终轨道半径 10 倍左右的地方，我们有可能清楚地分辨出正偏振波和交叉偏振波，而且这两种类型的引力波确实都存在。我们选择了距离合并处 5 000 千米远（大约是最终轨道半径的 50 倍）的地方作为观测地点，在这里，拉伸和压缩的最大比例约为 0.3%。假设身高 6 英尺（约 1.8 米）的艾丽丝在那里观测整个事件，她的身体（从头到脚）将会被拉伸和压缩约 1/5 英寸（约 0.5 厘米），这样的量很容易测量（尽管可能会让人觉得不舒服）。但对在地球上的距离双黑洞系统约有 10 亿光年远的 LIGO 来说，事情并不是这样的。由于这个距离大得多，所以引力波的振幅只有艾丽丝测量到的数据的 5×10^{-19} 倍。这就是为什么 LIGO 的设计灵敏度要求会那么高，只有那样它才能测量到在 4 千米的距离外质子尺寸的 1 / 10 000 的变化。

再次提及 LIGO 的微妙灵敏度之后，我们需要对灵敏度做出严谨的定性描述，因为我们尚未提及一个重要的细节，即像 LIGO 这样的探测器是如何工作的。LIGO 中的噪声（除引力波信号外，其他所有会导致干涉臂的长度发生微小变化的因素）实际上是相当大的，只在发生诸如 2015 年 9 月 14 日的黑洞碰撞等罕见的响声非常大的事件时，信号才会盖过噪声被我们听到。然而，LIGO 还可以通过使用"模板库"（包含对 LIGO 可能会探测到的所有引力波的理论预测），以及运用复杂的数据分析技术，去测量低于可听范围的信号。你可以把一个模板想象成相应事件（比如两个不旋转的 32 倍太阳质量黑洞的旋近）的指纹。沿附近道路行驶的卡车造成的地面振动，或者在利文斯顿天文台附近进行的伐木活动，诸如此类的噪声源也有其独特的指纹，但它们的波形与黑洞合并发出的引力波啁啾十分不同。事实上，LIGO 会不断受到噪声的干扰，所以 LIGO 测量的是所有彼此叠加的噪声指纹和有时会出现的引力波指纹的"大杂烩"。模板库可被看作一个关卡，它会让和它完全匹配的引力波指纹通过，而将那些不匹配的噪声指纹拦在门外。虽然这种技术不能完全消除噪声，但它的用处也很大。与其他可能的方式相比，它足以让 LIGO 听到在距离地球很遥远的地方发生的引力波事件。

为了使达到设计灵敏度的 LIGO 能够完全兑现其作为引力波天文台的诺言，LIGO 团队必须积极并持续应对与模板有关的几大挑战。第一大挑战是，建立关于黑洞碰撞和其他可能被 LIGO 探测到的引力波源的模板。其他引力波源包括黑洞和中子星碰撞、两颗中子星合并、超新星爆炸、表面有隆起的

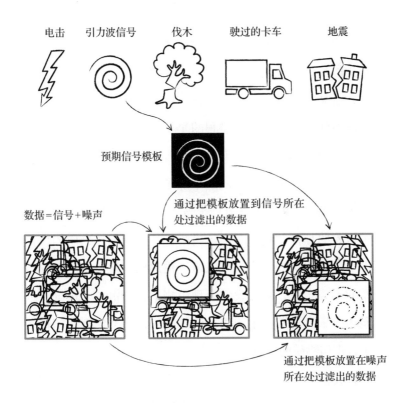

电击　　引力波信号　　伐木　　驶过的卡车　　地震

预期信号模板

数据＝信号＋噪声

通过把模板放置到信号所在处过滤出的数据

通过把模板放置在噪声所在处过滤出的数据

图 6-4　模板如何发现掩埋在噪声中的信号。当把模板放在信号上时，就会出现一个干净、连续的图形。当把它放在噪声上时，则会产生一个点状的不完整版本

快速自旋的中子星①、宇宙演化早期形成的引力波海洋②，以及一些宇宙学家假设存在的宇宙弦网络中的各种断裂、打结和交叉事件。③尽管在这些不同的环境中求解爱因斯坦场方程是很困难的，但对建立LIGO所需的模板来说却至关重要。其中最具挑战性的就是碰撞，经过数十名研究人员几十年的共同努力，有关双黑洞合并的大部分问题都得到了解决。这是通过将分析法（适用于旋近过程的早期阶段）和超级计算机数值模拟（对旋近过程的晚期阶段和碰撞进行建模）结合在一起实现的。中子星为这个问题增加了新的复杂性，因为决定中子星结构的物质动力学方程也需要求解。事实上，正如第5章中讨论的那样，我们对中子星的极其致密的核物质的特征还没有足够的认知。我们可以通过构建模板来量化对致密核物质的不确定性，并且我们有理由相信，对由中子星合并或黑洞和中子星碰撞产生的引力波的探测，将会告诉我们很多关于致密核物质的信息。

有关模板的第二大挑战更加棘手：如何探测因为我们没有预测到而未建立相关模板的引力波事件？与之相关的是另一个同样令人担忧的问题：如果关于预测事件的理论模型不

---

① 这些隆起类似地球山脉，但由于物质密度极高且中子星表面的引力场很强，所以中子星上的"山"最多只有几毫米高。

② 引力波海洋即原初引力波。——译者注

③ 宇宙弦是某些理论预言的很细但极其致密的能量流，不过目前尚未被观测到。

完全正确，会怎么样？乍一看，LIGO探测器似乎是一种选择性的科学测量设备，不具有发现任何全新的或意想不到的事件的能力。但事实上，LIGO也采用了无模板分析法，即使引力波的形式与模板数据库中的所有内容都不匹配，但只要引力波足够大声，LIGO也会注意到它们。类似地，如果模板中有些内容不太正确，使得经过的引力波只能部分地与模板相匹配，无模板分析法就会注意到"残差"（residual）。残差是经模板筛选后的残留信号，它与单纯的噪声并不一致。所以最重要的是，和其他可选的方法相比，模板可以让我们听到更遥远的事件，并且将这些信号与预测的信号源进行匹配，但这也不排除LIGO发现异常的、来自尚需进一步探索的神秘信号源的引力波信号的可能。

在结束本章之前，我们再来讨论一下黑洞碰撞的数值模拟，它是LIGO所用模板的关键组成部分。我们应该强调的是，用数值模拟的方法求解方程往往是最后的手段，我们只在所有的纸笔计算都无法得到我们想要的解时才会求助它。另外，我们的讨论被限定在没有任何物质的条件下，所以我们需要求解的是真空场方程 $G_{\mu\nu} = 0$。怎么会如此困难呢？

棘手之处在于，爱因斯坦场方程是微分方程，它们是根据度规在无穷小的时空区域内的变化方式构建的。微分方程几乎总是很难求解，涉及数学、物理学、化学和工程学的大量研究都为找到求解微分方程近似解的方法而上下求索。想象一下，一台计算机可以执行加、减、乘、除的指令，并能非常快速地完成这些基本的算术运算。但原则上，一个微分方程的真正解涉及无数的基本运算，因为它的答案不只是一个数字，而是某条连续的曲线（对爱因斯坦场方程而言则是弯曲的时空），需要由无穷多个数字来确定。当然，任何电脑都不能在有限的时间内做无穷多次运算。所以作为替代方案，我们采取的策略是，做有限次数的运算，得到非常接近我们感兴趣的微分方程精确解的近似解。更准确地说，我们需要一个能生成一系列近似解的策略，每个解都会比上一个更接近微分方程的精确解。在有足够的计算时间的情况下，除非有证据表明近似解足够接近精确解，否则我们就不认为这个方程问题得到了解决。想象一下，你在低速网络环境中观看视频，即使你的浏览器软件配置适当，你也只会看到一个画面模糊、色彩斑驳的视频，但它仍会以正常的速度播放，并且大部分颜色和形状的显示都是正确的。如果网速更快，或者在开始播放前花较长的时间下载完整的视频，那么计算机会将大图像块改进为更小的图像块，从而呈现出更准确的细节和更清晰的颜色。如果你等下载完整个视频或网络速度非常快的时候再看，你将看到以其最高分辨率播放的视频。微分方程的连续近似解与此类似，但两者之间的不同之处在于，从原则上说，对近似解的改进程度几乎是没有限制的。唯一的限制条件是，你愿意分配给这项任务多长的计算时间。爱因斯坦场方程的数值"模拟"的说法并不恰当，因为它表明这样做的目的是模仿弯曲时空的本质特征，却忽略了一些细节。真正的目的应该是制定一个策略，使其能在任何预先设定的准确性和有限的时间条件下描绘出关于时空的所有细节。关于黑洞碰撞的数值模拟取得成功的另一个标志是，在现代数值模拟方法日臻成熟之前，它可以很好地匹配我们得到的关于旋近和铃宕的物理条件的近似描述。

我们应该采取什么策略对真空场方程进行数值模拟呢？让我们先思考一下答案应该是什么样子。我们需要一个可以描述时空结构的度规张量。回想一下，度规是衡量任意两点之间距离的一把尺子，微分几何使我们的注意力集中在相互靠近的点上，度规张量表示从给定点到其他任何足够近的点的距离。实际上，度规张量是一个 4×4 的数字矩阵。有了场方程的精确解，就意味着我们能够准确地知道时空中每个点的度规张量。根据一些非常巧妙的数学公式，施瓦西解和克尔解为我们提供了精确的信息。但对数值模拟而言，没有精确的公式可用，我们当然也不能为无穷多的时空点指定度规张量。所以，我们要做的就是区隔出一个感兴趣的时空区域（比如，一对即将合并的黑洞附近的区域），并且用一些网格点来填满它。针对有限数量的网格点中的每一个，我们都要为其指定一个度规张量的近似值。我们的目标是反复改进网格，为每个网格点提供越来越准确的近似值。简言之，通过离散化得到越来越精确的网格，我们将弯曲时空转变成计算机可以处理的数学结构，这是数值模拟策略的关键。如今，典型的大型模拟可能有数亿乃至数十亿个网格点。

真空场方程意味着时空不能以其他任意方式弯曲，而必须受到某些特定条件的限制，这些限制条件告诉我们度规张量是如何推拉其附近的时空的。爱因斯坦场方程实质上是微分方程，这意味着"附近"应被理解为"任意逼近"。当我们处理离散化时空时，我们必须稍微改变一下爱因斯坦场方程，使它们能够成为给定点的度规张量如何推拉网格上相邻点的度规张量的规则。[①]至少在原则上，这些离散化的爱因斯坦场方程可以用计算机来处理，因为它们只涉及包含有限变量的有限数量的方程。

广义相对论中存在两个特殊的难题：奇点和约束。奇点问题是一个我们熟悉的问题，而且是一个彻头彻尾的物理学问题：黑洞隐藏了使爱因斯坦场方程失去意义的奇点。如果我们不够谨慎，时空的数值模拟就会"潜入"黑洞内部，一旦它们"跑进"奇点，计算机就会出现问题。这看起来似乎是一个小问题，因为物理直觉告诉我们，没有信号能从黑洞中逃出来"污染"其他数值模拟，所以计算机在黑洞视界内

---

① 矛盾的是，数值模拟的一个有效策略是，允许推拉几个甚至更多个网格的空间距离，而不只是一个或两个网格。从概念上说，只考虑最邻近的网格间的相互作用是最容易的。

遇到的任何问题都可以被忽略。但是，真实情况更加微妙。如果在某个网格点处遇到奇点（这意味着度规张量包含某些无穷项），编码于离散化的爱因斯坦场方程中的推拉效应就会使相邻网格点变得奇异。随后，其他邻近的网格点也会变得奇异，以此类推。不过，编写一个使奇点进行可控性传播的代码是很困难的。正确的做法是在视界形成后就尽快确定它，并给计算机下达指令：不要窥探视界深处。通过保留视界内的一小层时空，我们可以确保经典的广义相对论能被离散化的爱因斯坦场方程完全考虑在内；通过截断视界深处，我们可以让计算机避免遇到奇点问题。这种截断策略很好地运用了彭罗斯的宇宙监察猜想，这样一来，除了在事件视界之内，爱因斯坦场方程解的奇点将永远不会出现。事实上，爱因斯坦场方程的数值模拟在我们实施截断策略时发挥了重要作用，这可以被视为支持宇宙监察猜想的有力证据。

约束问题更偏技术性，但由于它在爱因斯坦场方程的数值模拟过程中发挥了显著作用，所以值得一提。通常我们会从一些初始时空结构开始，比如两个彼此绕转的无自旋黑洞，然后探究随着时间的流逝会发生什么。这实际上意味着我们把离散化四维时空的大网格分割成三维空间切片，并根据时移函数定义时间流，将这些空间切片连接在一起。每个三维空间切片通常被称为"时间片"，因为我们把它看作一个确定时间点上的点集。我们这样做的目的是告诉计算机在几个

（也许只有两个）连续时间片处的度规张量，然后命令它运用离散化的爱因斯坦场方程推进到下一个时间片。为了看到黑洞合并，只要有需要，我们就可以不断地重复这个过程，为了避免计算机遇到奇点问题，我们还会运用截断策略。我们预测，这个过程将会持续演化下去，直到我们模拟的最后一个时间片，即我们看到合并后的单一黑洞和因碰撞产生的引力波的那一刻。

接下来，我们说说这样处理的缺陷。一旦选择了一个时间片，事实证明爱因斯坦场方程并不能帮助我们从一个时间片推进到下一个时间片。相反，它们只是限制了在每个时间片处允许存在的时空结构类型。虽然我们可以通过精心安排，使某个时间片完全满足约束条件，但当离散化的爱因斯坦场方程在时间上向前推进时，下一个时间片却往往不能完全满足约束条件。更糟糕的是，这些缺陷会随着时间的推移而增加，最终导致数值模拟结果一文不值！所以，解和问题一样微妙。让每个时间片完全满足约束条件，我们预测到，这不可能做到，但我们可以通过改变离散化的爱因斯坦场方程，给它们添加一个类似于恢复力的项，让解满足约束条件。这就好比弹簧的恢复力：拉伸一个处于平衡状态的弹簧，恢复力会将它往回拉并试图恢复平衡，弹簧离平衡状态越远，恢复力就越强。对爱因斯坦场方程而言，我们不会增加任何物理力，它的恢复力指的是一种数学技巧，而平衡状态指的是一个满足约束条件的解。当然，如果我们只对黑洞视界外的问题感兴趣，用上述方式对约束条件进行恰当的处理，再加上对离散化的爱因斯坦场方程的精心选择，数值模拟就能够捕捉到黑洞碰撞事件的所有时空细节。

综上所述，宇宙中的大多数黑洞碰撞可能都属于旋近－合并类型，我们可以通过数值模拟真空场方程 $G_{\mu\nu} = 0$ 来描述它们。对于各种各样的初始条件进行数值模拟，可以让我们看到黑洞合并时会发出什么样的引力辐射。在这些过程中，能量释放的速度快得惊人，使得黑洞合并的引力光度可以短暂地超过宇宙中所有恒星的通常光度之和。通常光度指的是星光，引力光度指的是引力辐射，后者产生于两个黑洞的合并过程，可以用像LIGO这样的L形引力波探测器来探测。未来，我们希望引力波能像可见光一样，尽可能多地揭示宇宙信息。来自中子星合并过程的引力波可能是下一个重大发现[1]。另外，来自极早期宇宙的引力波，可能会告诉我们宇宙最初是什么样子。要是能发现一种没人预测到的引力波就更好了！这样一来，理论学家就能不断地进行探测，研究是什么奇异的物理过程产生了这种引力波。

---

[1]　该发现已于 2017 年 8 月实现。——译者注

第 7 章

黑 洞 热 力 学

到目前为止，我们认为黑洞是由超新星创造的并且存在于星系中心的天体。通过观察黑洞附近恒星的加速运动，我们可以间接地观测到黑洞的影响。2015年9月14日，LIGO第一次成功探测到引力波，为黑洞碰撞事件提供了更直接的证据。在这些背景下，为了理解黑洞，我们需要用到微分几何和爱因斯坦方程，还需要用到能求解爱因斯坦场方程并描述黑洞时空结构的强大分析和数值方法。从天体物理学的角度看，如果能对相关时空进行全面的定量描述，我们就会认为黑洞的主题完整了。但从更广阔的理论视角看，等待我们探索的东西还有很多。本章介绍了关于黑洞物理学的现代理论发展的要点，其中热力学和量子理论的观点与广义相对论相互交叉，产生了一些令人吃惊的新见解。其结果是，黑洞不仅是几何结构，它们还有温度与巨大的熵，并且有可能是量子纠缠的表现形式。我们对黑洞的热力学和量子理论方面的描述，会比前几章中关于黑洞时空的纯几何特征的讨论粗略一些，但量子理论是目前黑洞理论研究的尤为必要且重要的组成部分。我们希望至少介绍一下这项工作的有趣之处。

在经典的广义相对论中，黑洞是真正意义上的"黑"，也就是说，没有任何东西能从黑洞中逃逸。史蒂芬·霍金的研究表明，如果我们将量子效应纳入考虑，情况将变得完全不同。实际上，黑洞会发出具有确定温度（"霍金温度"）的辐射。对天体物理学尺寸的黑洞（比如，从恒星质量黑洞到超大质量黑洞）而言，它们的霍金温度相比宇宙微波背景辐射的温度可以说是微不足道。宇宙微波背景是一种充斥整个宇宙的辐射，其本身可被看作霍金辐射的一种变体。霍金对黑洞温度的计算，是一个叫作黑洞热力学的研究项目的一个重要部分。另一个重要部分是黑洞熵，它表征着丢失在黑洞内部的信息量。普通物体（比如一杯水、一个纯镁条或一颗恒星）也有熵，而黑洞热力学的一个重要特征是，一个给定尺寸的黑洞比其他任何同样尺寸的物体的熵都大。

在深入研究霍金辐射和黑洞熵之前，让我们先快速了解一下量子力学、热力学和量子纠缠。量子力学主要发展于20世纪20年代，最初是为了描述像原子这样的极小事物。在量子力学中，长期以来被大家珍视的一些概念（比如单个粒子的确切位置）被模糊化了，原子核周围的电子不再有确切的定位。相反，我们认为电子在轨道上运动，它们的实际位置只能用概率密度来描述。但基于我们的目的，还是不要这么早谈到概率为好。举一个简单的例子，氢原子可以处于一个确定的量子态。它最简单的状态就是基态，即最低能态，此时它的能量是确定和已知的。一般来说，量子力学（原则上）允许任何量子系统的状态都是完全确定的。

我们在探究一些关于量子力学系统的问题时，总会遇到概率。如果一个氢原子确实处于基态，我们可能会问："在哪里可以找到电子？"量子力学的法则只会给出一个概率性的答案，比如，"电子可能在距离氢核半埃①的范围以内"。现在，通过某些物理过程我们有可能找到比一埃更精确的电子位置。其中一个典型的过程是，从电子上散射一个波长非常短的光子，然后我们可以重建电子在散射瞬间的位置，使其精确到光子的大约一个波长的范围内。这个物理过程改变了电子的状态，使它不再处于氢原子的基态，也不再具有确定的能量。但是，它将暂时拥有一个近乎确定的位置（在光子的大约一个波长的范围内）。尽管我们只能用概率法预测它的位置在一埃以内，但只要我们测量它，我们就会得到确定的结果。简言之，如果我们以某种方式测量一个量子力学系统，我们就迫使它进入了一个具有我们测量到的确定值的状态。

量子力学不仅适用于小系统，（我们认为）它对所有系统

---

① 1 埃 = 10^{-10} 米。

都适用。但对大系统而言，量子力学的法则会迅速变得复杂。一个关键问题就是量子纠缠的概念，我们以自旋概念为例对纠缠做简单的说明。独立电子有自旋，所以单个电子可以相对于选定的空间轴自旋向上或自旋向下。电子的自旋是可观测的，因为它会像条形磁铁一样产生小磁场。自旋向上意味着电子的北极指向下方，自旋向下则意味着电子的北极指向上方。一个联合量子态中可以存在两个自旋方向相反的电子，一个自旋向上而另一个自旋向下，但我们不可能分辨出到底哪个电子是自旋向上的。[①]实际上，氢原子基态包含的两个电子就处于这种状态，两个电子的总自旋为零，所以被称为"自旋单态"。如果能分离两个电子而不干扰它们的自旋，那么我们仍然可以认为它们共同处于自旋单态，但无法分辨出任何一个电子的自旋方向。如果我们测量了一个电子之后发现它的自旋方向向上，我们就完全可以确定另一个电子是自旋向下的。在这种情况下，我们之所以说自旋是纠缠态的，是因为单个电子的自旋本身没有确定的值，而是两个电子共同处于一个确定的量子态。

爱因斯坦曾深受量子纠缠的困扰，因为它似乎违背了相对论。现在，我们来考虑空间上显著分离但处于自旋单态的

---

① 有的读者可能会被两个电子是完全相同的粒子这一事实困扰。其实，我们完全可以拿一个电子和一个质子来构成联合量子态，但我们依然不能分辨出哪个粒子自旋向上而哪个粒子自旋向下。

两个电子。为了更具体，我们把一个电子给艾丽丝，把另一个给鲍勃。假设艾丽丝测量了她的电子并发现它的自旋方向向上，但鲍勃没有对他的电子做任何测量。在艾丽丝测量她的电子之前，我们不可能知道鲍勃的电子自旋方向。但在艾丽丝完成测量的那一刻，她可以完全肯定地说鲍勃的电子是自旋向下的（与她的电子自旋方向相反）。这是否意味着是她的测量迫使鲍勃的电子在一瞬间进入自旋向下的状态？既然电子在空间上是分离的，又怎么会发生这种情况呢？爱因斯坦及其合作者纳森·罗森、鲍里斯·波多尔斯基都感到，围绕纠缠态系统的测量问题非常严重，它们甚至动摇了量子力学的根基。爱因斯坦–波多尔斯基–罗森（EPR）佯谬使用了我们在上文中描述的设置，并声称量子力学不能完全描述现实。但基于更深入的理论研究和诸多的测量工作，现代观点普遍认为EPR佯谬是无效的，而量子理论才是正确的。量子纠缠是真实存在的，即使纠缠系统在时空中被显著地分离开，其测量结果也是彼此相关的。

让我们回到两个电子处于自旋单态的例子，并分给艾丽丝和鲍勃每人一个电子。在进行测量之前，我们能确定的是什么？答案是：两个电子一起处于一个确定的量子态（自旋单态）。艾丽丝的电子既有可能自旋向上也有可能自旋向下，更准确地说，它的量子态为自旋向上和自旋向下的可能性相等。这种说法比之前更加依赖于概率。以前，我们考虑确定的量子态（比如氢的基态）时，知道有些"坏"问题（比如"电子在哪里？"）只有概率性答案。相反，如果我们问的是"好"问题（比如"电子的能量是多少？"），我们就能得到确定的答案。现在，如果不参考鲍勃的电子，我们就没有什么"好"问题可以问艾丽丝。（当然，我们摒弃了像"艾丽丝的电子是否自旋？"这样愚蠢的问题，这种问题本来就只有一个可能的答案。）因此，在讨论纠缠态中的一个量子比特（qubit）时，我们必须用概率来描述事物的特征。只在艾丽丝和鲍勃提出问题的答案具有相关性时，才会出现确定的答案。

我们有意识地从已知最简单的量子力学系统之一——独立电子的自旋——入手，我们希望量子计算机也能由同样简单的系统构建而成。事实上，对于独立电子的自旋或其他等价量子系统，我们现在用量子比特描述它们，并期待未来它们在量子计算机中能起到像数字计算机中的比特那样的作用。

假设我们用一种复杂得多的量子系统替代那两个电子，这样的量子系统的量子态不止两个。比如，我们也许会给艾丽丝和鲍勃每人一个纯镁条。在艾丽丝和鲍勃分开之前，允许他们的镁条相互作用，即处于一个确定的联合量子态。而一旦艾丽丝和鲍勃分开，他们的镁条便不再相互作用。就像电子一样，尽管他们的镁条处于确定的联合量子态，但单个镁条的量子态并不确定。（这个讨论假设艾丽丝和鲍勃能将镁条分开而不干扰镁条的内部状态，就像我们之前假设他们能够分离纠缠的电子而不干扰电子的自旋一样。）现在，与电子纠缠系统不同的是，每个镁条本身的量子态都具有极大的不确定性，可以轻易地拥有比整个宇宙中的原子数量还多的量子态。这时候热力学该登场了。尽管一个系统不能被精确地描述，但我们仍然可以很好地定义它的一些热力学特性。温度就是这样一种特性，它是衡量系统的任意部分可能具有的平均能量的量度，较高的温度很可能对应着较大的能量。熵是另一种热力学特性，它实质上表示一个系统可能的量子态数量的对数。镁条的又一种有趣的热力学特性是总磁化强度，它表示镁条内部自旋向上的电子数量与自旋向下的电子数量之间的差。

我们引入热力学来处理与另一个系统纠缠而量子态不确定的系统。这是一种非常有效的处理方式，但与热力学创立者的思考方式相去甚远。这些创立者，比如萨迪·卡诺、詹姆斯·焦耳和鲁道夫·克劳修斯，活跃于19世纪的工业革命时期，他们都对一个实际问题更感兴趣：发动机是如何工作的？压力、体积、温度和热量对发动机的设计来说是必需的。卡诺证明，以热能形式提供的能量永远不能被全部转化为有用功，比如举起一个重物，总会有一些能量被浪费掉。克劳修斯的重要贡献在于引入了熵的概念，他将熵作为衡量热相关过程中的能量浪费的统一量度。关键在于，熵永远不会减少，并且在几乎所有过程中都会增加，所以熵增加的过程被称为不可逆过程。克劳修斯、麦克斯韦和路德维希·玻尔兹曼等人对统计力学的后续发展表明，熵是对混乱状态的量度。通常，你越是用力推动某个事物，它就会变得越混乱。如果你试图通过释放热量等形式建立秩序，就必然会产生更大的熵。比如，起重机将钢筋堆叠整齐，就钢筋的位置而言是有序的，但起重过程也会产生副产品（热量），从而使整体的熵增加。

19世纪的热力学思想看上去与量子纠缠关系不大。但无论什么时候，只要一个系统与外部媒介发生作用，其量子态就会与外部媒介的量子态纠缠在一起。通常，这种纠缠会导致该系统的量子态具有更大的不确定性，换言之，该系统可能的量子态数量会增加。因此，一个系统的熵（由可能的量子态数量来定义）通常会因为与其他系统的相互作用而增加。

总而言之，量子力学提供了一种表征物理系统状态的新方法，它让一些量（比如位置）变得模糊，而另一些量（比如能量）通常是确定可知的。在量子纠缠中，原则上两个分离的系统会有一个已知的总量子态，但单个系统本身的量子态并不确定。关于纠缠的标准例子就是处于自旋单态的一对电子，我们不可能分辨出哪个自旋向上而哪个自旋向下。一个系统的量子态的不确定性催生了热力学研究，尽管该系统有许多可能的微观量子态，但我们仍然可以精确获知像温度和熵这样的热力学特性。

在快速了解了量子力学、纠缠和热力学之后，接下来我们看看如何运用这些知识来证明黑洞是有温度的。比尔·昂鲁率先证明，平直空间中一个做加速运动的观测者感知到的温度等于加速度除以 2π。昂鲁所做计算的关键在于，沿特定方向以恒定的加速度运动的观测者只能看到一半的平直时空。实际上，另一半时空位于一个类似于黑洞视界的东西背后。乍听起来这似乎是不可能的，平直的时空怎么会有类似于黑洞视界的东西呢？为了得到这个问题的答案，我们请来了可靠的观测者小组：艾丽丝、鲍勃和比尔（见图 7–1）。应我们的要求，他们排成一队，艾丽丝站在鲍勃和比尔中间，分别距离他们两人 6 千米远。大家达成一致，让艾丽丝在零时跳进一艘飞船，并以恒定的加速度朝比尔飞去（同时远离鲍勃）。她的飞船性能非常优良，能够获得的加速度相当于 1.5 万亿倍的地球表面重力加速度。这样的加速度对艾丽丝来说显然很难忍受，但正如我们将要看到的那样，选择上述这些数字是有明确目的的，更何况我们只是在讨论概念上的可能性。当艾丽丝进入飞船的那一瞬间，鲍勃和比尔同时向她挥手。（我们之所以可以说"那一瞬间"，是因为在艾丽丝出发之前，她与鲍勃、比尔处于同一个参照系，所以他们认可同一个时间概念。）艾丽丝一定会看到比尔向她挥手，事实上，她在飞船上看到比尔向她挥手的时间要比她待在原地不动早

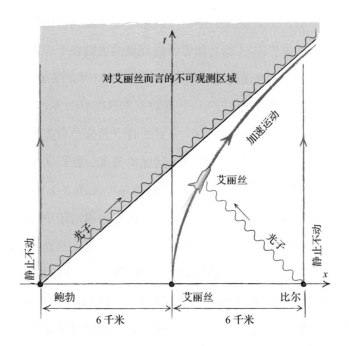

图 7-1 当鲍勃和比尔静止不动时,艾丽丝从静止状态开始加速。艾丽
丝的加速度刚好使她永远接收不到鲍勃在 $t = 0$ 时发射的光子,但她能
接收到比尔在 $t = 0$ 时发射的光子。结果表明,艾丽丝只能观测到一半
的时空

一点儿，因为她的飞船正朝着比尔飞去。与此同时，她在远离鲍勃，所以我们可以合理地推断，她在飞船上看到鲍勃挥手的时间要比她待在原地不动晚一点儿。但事实上，艾丽丝永远不会看到鲍勃向她挥手！换句话说，即使她的速度达不到光速，鲍勃挥手时发射的光子也永远追不上她。如果一开始鲍勃与艾丽丝之间的距离更近一点儿，她出发时鲍勃发射的光子就能追上她。但如果他们之间的距离更远一点儿，光子就追不上艾丽丝了。从这个意义上说，艾丽丝只能看到一半的时空。在艾丽丝开始移动的那一瞬间，鲍勃位于艾丽丝的观测视界之后。

在关于量子纠缠的讨论中，我们已经习惯了一个观念：虽然量子力学系统作为一个整体具有确定的量子态，但其各个部分的量子态并不确定。实际上，当我们讨论一个复杂的量子系统时，即使它的各个部分的量子态具有高度的不确定性，我们仍然可以用确定的热力学温度来描述它们的特征。这与我们在前文中对艾丽丝、鲍勃和比尔的设定有点儿相似，但我们思考的量子系统应该是空的时空，艾丽丝只能看到一半空的时空。我们假定时空作为一个整体处于基态，这意味着除了艾丽丝、鲍勃、比尔和飞船之外，不存在其他任何粒子。但艾丽丝能看到的那一半时空不会处于基态，相反，它处于与她看不见的那一半时空相互纠缠的状态。她能看到的时空处于复杂的、不确定的量子态，但它的温度是有限的。

昂鲁的计算表明，这个温度大约是 60 纳开氏度。简言之，艾丽丝在加速运动的过程中会看到一个辐射热库，而且这个热库的温度恰好等于她的加速度除以 2π。

昂鲁的计算中令人不舒服的部分是，虽然它从头到尾针对的都是空的空间，却反驳了李尔王的名言："一无所有只能换来一无所有。"空的空间怎么会如此复杂？事实上，在量子理论中，空的空间是一个非常繁忙的地方。具有正负能量的虚拟粒子，在空间中不断地出现和湮灭。有一位身处遥远未来的观测者名叫卡罗尔，她可以看到所有空的空间，从而证实没有任何粒子能长久地存在。艾丽丝可以观测到的时空中的正能量粒子，通过量子纠缠与她无法观测到的时空中的负能量粒子相联系，它们的能量值互为相反数。卡罗尔能够感知到关于空的时空的全部量子真相，即没有粒子存在。但是，艾丽丝却感知到了粒子的存在。

昂鲁温度听起来似乎是假的，因为它并不像平直空间的特征，而更像在平直空间中做匀加速运动的观测者的特征。然而，引力本身就是一种"伪力"，它引起的"加速"不过是在弯曲度规中的测地线运动。正如我们在第 2 章中解释的那样，爱因斯坦的等效原理指出，加速度和引力在本质上是等效的。从这个角度看，黑洞视界的温度等于做加速运动的观测者的昂鲁温度，就没什么可惊讶的了。但我们可能会问，应该采取多大的加速度呢？如果我们离黑洞足够远，它对我们的引力作用就会很弱。相应地，我们是否应该采取较小的加速度来确定我们测量的黑洞的有效温度？这个情况令人不安，因为一个天体的温度不应该被随意降低，即便是非常遥远的观测者，他测得的温度也应该是某个有限的固定值。

最接近霍金的黑洞辐射理论的观点是，我们应该利用观测者悬停在非常靠近黑洞视界处的加速度来计算黑洞温度，但要减去观测者经历的引力红移效应所对应的温度。这可以让我们十分接近实际的霍金温度，接下来让我们以施瓦西黑洞为例，深入地了解这一思想（见图 7-2）。在这里，悬停或静态的观测者指的是停留在视界附近固定半径处且不绕黑洞旋转的人。为了做到这一点，观测者安妮必须受到一个能持续把她推离黑洞附近的力，比如乘坐飞船。如果安妮只能看到局部的时空结构，那么根据等效原理，她不能辨别自己是在弯曲时空中还是在平直时空中做匀加速运动。安妮越靠近黑洞视界，加速度就会越大。根据昂鲁的计算，安妮感知到的温度等于她的加速度除以 2π。我们似乎掉进了和以前一样的陷阱：感知到的温度取决于位置。但谢天谢地，与另一个距离黑洞很远（在这种情况下，"远"的意思是施瓦西半径的很多倍）的观测者巴特相比，安妮还体验着相当大的引力红移效应。安妮越接近视界，她感知到的昂鲁温度越高。但不断增加的引力红移效应意味着，当她看到霍金辐射从黑洞的引力场中发出并到达巴特那里时，它的温度是有限的，不会

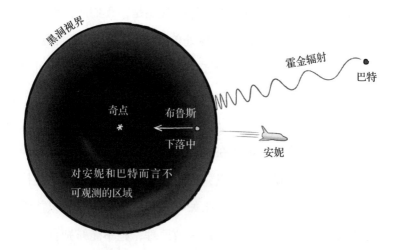

图7-2　霍金辐射示意图。在视界附近的一个固定半径处静止不动的安妮,相当于一个做加速运动的观测者,因为她感受到了黑洞的引力作用。她看到霍金辐射的原因类似于昂鲁效应,这种辐射在向巴特传播的过程中发生了引力红移。巴特也是静止不动的,但他距离黑洞如此遥远,几乎感受不到黑洞的引力。相比之下,落入黑洞的观测者布鲁斯在穿过视界时看不到任何霍金辐射

随着安妮越来越靠近视界而改变。这个有限的温度就是霍金温度，它乘以 2π 就可以得到被称为黑洞"表面引力"（surface gravity）的物理量。艾丽丝在平直空间中必须经历大小与表面引力相等的加速度，才能感知到与巴特感知到的霍金辐射温度相同的昂鲁温度。①

前文中说过，我们对昂鲁效应例子中的相关数字的选择，是有明确目的的。事实上，艾丽丝的加速度是地球表面重力加速度的 1.5 万亿倍，约等于 1 倍太阳质量的黑洞视界处的表面引力。相应地，这样一个黑洞的霍金温度与艾丽丝感知到的昂鲁温度相同，即 60 纳开氏度。黑洞的温度与质量成反比。

我们对昂鲁温度的描述强调，在遥远的未来，做惯性运动的观测者卡罗尔会观测到全部的量子真相，即所有时空都是真空态，而没有任何激发态。艾丽丝感知到的热力学状态源自正能粒子，这种正能粒子与她观测不到的时空区域中的负能粒子处于量子纠缠态。事实证明，霍金辐射的情况与这些陈述有类似之处，但也有一些重要的区别。在我们对昂鲁效应的讨论中，静止不动的观测者安妮与做加速运动的观测

①　随着观测者靠近视界，在不涉及温度或量子效应的情况下，我们可以根据引力红移的空间变化来定义和计算表面引力。结果表明，如果存在一个与黑洞的质量和半径相同的球体，那么黑洞表面引力将与一个坐在这个假想球体表面的观测者感受到的牛顿重力加速度相等，因此这个力也被称为"表面引力"。

者艾丽丝最为相似。回想一下，在大部分的讨论中，鲍勃都躲在艾丽丝观测不到的那一半时空的视界之后。与鲍勃相似的应该是做自由落体运动的观测者布鲁斯，命运多舛的他正在穿过黑洞视界，并且注定会落入奇点。对一个大黑洞来说，布鲁斯的不幸命运可能会来得晚一些，所以我们不妨问问布鲁斯在此期间观测到了什么。答案是：如果没有来自其他源头的辐射进入黑洞，他在穿过黑洞视界时将感知不到任何温度。至少在黑洞视界附近，布鲁斯会说那里观测不到任何量子激发态。

安妮和巴特的描述与布鲁斯的描述截然不同，前两者观测到了正能粒子。正如昂鲁效应说明的那样，这些正能粒子在量子力学上必然与黑洞视界内的负能粒子联系在一起。让我们回顾一下这些争论的难点：当布鲁斯穿过视界时，他没有观测到负能粒子；事实上，他观测不到任何激发态。在视界内存在负能粒子，是让包括安妮和巴特作为外部观测者的视角在内的量子理论成立的必要条件。不仅如此，这些奇异的负能粒子还扮演着重要的物理学角色。它们减少了黑洞的总质量，抵消了安妮和巴特观测到的向外辐射的能量。

向外逃逸的正能粒子和落入黑洞的负能粒子处于量子纠缠态，至少在视界附近我们可以说，对落入黑洞的布鲁斯及静止不动的安妮和巴特而言，这种纠缠态的作用在于保持量子理论的一致性。

与昂鲁效应形成鲜明对比的是，我们很难做到让身处遥远未来的观测者观测到整个时空，因为黑洞内部没有遥远的未来，我们也无法从黑洞外部观测到它内部的情况。如果黑洞完全蒸发了，目击整个过程的观测者也许就可以说自己掌握了关于时空的全部量子真相。又或者，根本没有观测者能够看到关于黑洞时空的全部真相，这意味着关于量子态的信息确确实实丢失了。从过去到未来的量子演化如何与黑洞并存，这一难题被称为"信息丢失悖论"，至今人们仍对它争论不休。

总的来说，霍金辐射就是从黑洞中逃逸的正能粒子，并经历了引力红移。它们被遥远的观测者以辐射的形式观测到，其温度等于黑洞的表面引力除以 2π。与此同时，黑洞质量缓慢减少或蒸发，表征了因辐射而损失的能量。在黑洞时空中运动轨迹不同的观测者会有什么量子体验，这个难题困扰了一代又一代理论学家。但如果我们身处黑洞之外，并且黑洞足够大而来不及完全蒸发，我们将会看到霍金温度下的热辐射。

霍金辐射是黑洞最著名的热力学特性之一。除此之外，还有贝肯斯坦–霍金黑洞熵，它以雅各布·贝肯斯坦和史蒂芬·霍金的名字命名。回想一下，熵度量的是一个系统可能的量子态数量（更确切地说，熵是量子态可能数量的对数）。熵的一个重要性质是，它在物理过程中永远不会减少，通常还会增加。它的另一个重要性质是，两个系统的整体熵不会比单一系统熵的总和小。人们通常会发现，整体熵就是各单一系统熵的总和。比如，室温下两杯水的熵是一杯水的熵的两倍。如果两个系统纠缠在一起，我们就能准确地知道它们的联合量子态。在这种情况下，它们作为一个整体根本没有熵，但单个系统本身却可能具有相当大的熵！

就黑洞而言，熵等于视界的面积除以一个与引力强度相关的常数。公式为 $S = A / (4G_N)$，其中 G_N 是牛顿常数，它也包含在爱因斯坦场方程中。这个公式对讨论黑洞的相关问题来说非常重要，它通常被称为面积定理，指在黑洞碰撞等过程中，黑洞视界的总面积必然增加。这个定理被视为热力学第二定律的黑洞版本，值得强调的是，该定理只在经典情况（不产生像霍金辐射这样的量子效应）下成立。霍金辐射确实会导致黑洞质量慢慢减少，这意味着视界的面积也会随之减小，但这个过程极其缓慢。

面积定理表明，黑洞与普通的热力学物质十分不同。事实上，普通物质的熵通常与体积成正比，比如，两杯水的熵通常是一杯水的熵的两倍。我们也可以说水的熵与其质量成正比，因为两杯水的质量是一杯水的两倍。而黑洞的熵与面积的比例关系似乎表明，大黑洞的熵比我们按其体积估算的熵要小得多，但又远超我们按其质量估算的熵。我们的估算方法是，考虑将两个黑洞（每个洞的质量都是太阳的一倍）

合并成一个更大的黑洞。接下来的讨论会较为粗浅，因为我们将忽略第 6 章中介绍的黑洞合并产生的引力波及其能量释放。在这种情况下，最终黑洞的质量是单个初始黑洞质量的两倍，而最终黑洞的实际熵是单个初始黑洞熵的 4 倍。这比我们按质量估算的熵大得多，因为如果熵与质量成正比，最终黑洞的熵应该只是单个初始黑洞熵的两倍。但最终黑洞的熵又比我们按体积估算的熵小，因为简单地说，最终黑洞的体积应该是单个初始黑洞体积的 8 倍，而实际的熵却只有 4 倍。正确的比例关系来自认为熵与视界本身有关的观点，即视界每增加一个与 G_N 成正比的值，熵值就会增加一个量子比特。

贝肯斯坦最早提出了这一惊人的观点，即相比占据相同时空区域的其他任何形式的物质，黑洞的熵都更大。贝肯斯坦观点的一个简单版本是，在有限的时空区域中，普通物质想要拥有像黑洞这么大的熵，它的量就必须足够多，以至于有引力坍缩的风险。事实上，在普通物质的熵超过黑洞的熵之前，它已经坍缩成一个黑洞了。从这个意义上说，物质坍缩成黑洞可能是最无序和最不可逆的现象。

在某些限制条件下，弦理论为面积定理提供了一种微观的论证方法，但总的来说，我们没能做到从基本原理推导出面积定理。然而，特德·雅各布森认为，假如黑洞热力学（特别是面积定理）和微分几何的一些基本概念成立，我们就可以推导出广义相对论的核心——爱因斯坦场方程。而且，众所周知，如果爱因斯坦场方程在保持其潜在对称性的条件下被修改了，面积定理就会改变，但霍金的计算本质上保持不变。所以，黑洞熵被视为描述时空动力学的一个十分与众不同的工具。那么，黑洞熵究竟是什么？

胡安·马尔达西纳和伦纳德·萨斯坎德的建议是，应该使纠缠熵更接近黑洞熵。回想一下 EPR 佯谬，令人困惑的一点在于，虽然两个互相纠缠的自旋粒子的联合量子态是确定的，但却无法确定单个自旋粒子的量子态。我们是否可以想象，在某个微观层面上，每个自旋粒子都相当于一个黑洞，具有一个量子比特的熵值，它们的纠缠在空间结构上就像它们之间的虫洞。但对于这个想法，有两个明显的反对理由。第一，熵值仅为一个量子比特的黑洞实在太小了，它的结构可能没有任何意义。第二，正如第 3 章讨论的那样，虫洞是不可穿越的。为了解决这些问题，让我们设想一个具有更多可能量子态的更大系统，它们的熵值也更大。然后，我们让艾丽丝和鲍勃分别处于这两个更大的系统附近。它们完美地纠缠在一起，因此它们的联合量子态是确定的。我们曾以纯镁条为例说明更大的系统，但现在我们想使用一些更神秘的物质，它们不久后就会坍缩成黑洞。简言之，艾丽丝和鲍勃现在相距很远，并且都在各自的黑洞附近，每个黑洞都至少有一大部分熵是由它们之间的量子纠缠产生的。胡安·马尔达西纳等人由此提出，这两个黑洞由虫洞连接，虫洞就是它们纠缠态的几何结构。

我们如何验证这个想法呢？做一个思想实验，让艾丽丝和鲍勃分别测量他们的系统（见图7–3）。近距离地观察一个正在发生引力坍缩的系统是一项危险的任务，因为在这个过程中观测者极有可能被吸入黑洞。即使仅从概念上看，这也很糟糕，因为它似乎阻止了艾丽丝和鲍勃测量并比较他们的发现，从而确认两个系统是否真的纠缠在一起。等一下！我们假设有一个虫洞将这两个黑洞连接起来。艾丽丝和鲍勃都有可能被吸入黑洞，但由于虫洞的存在，这两个黑洞共享同一个内部空间。虽然单一观测者不可能穿过虫洞从一个外部空间到达另一个外部空间，但从两端分别进入虫洞的两个观测者可能会在虫洞内部相遇。所以，艾丽丝和鲍勃可以比较他们的观测结果。于是就有了虫洞先于黑洞形成的观点，因为如果没有虫洞，艾丽丝和鲍勃就无法比较他们的观测结果，量子纠缠的概念也会被动摇。艾丽丝和鲍勃可能会得到些许安慰，因为在落入各自黑洞的有限时间内，他们将撞上共同的黑洞奇点。至少，他们可以在大结局到来之前进行最后的量子力学验证！

退一步看这些激烈的理论辩论，我们有理由怀疑，上文中提到的观测者必须跳入黑洞的思想实验是否具有现实意义。留在外部的观测者永远不会知道（至少通过经典方式）艾丽

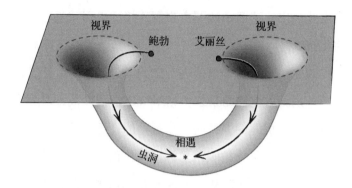

图7-3　一个连接艾丽丝和鲍勃附近时空区域的虫洞。纠缠的量子态形成了虫洞，使得艾丽丝和鲍勃能在黑洞内部相遇。然后，在他们与黑洞奇点发生致命碰撞之前，他们可以验证对量子纠缠的测量结果

丝和鲍勃能否相遇。这一切都只是假设吗？理论学家通常的看法是，它们不只是假设。我们必须记住，黑洞视界是关于未来命运的问题，而不是瞬间的体验。我们可以马上进入一个宇宙学黑洞，但却需要比宇宙目前的年龄更长的时间才能到达它的奇点。许多宇宙学家想象，最终的坍缩可能是无限膨胀的宇宙最有可能的终极命运。或许在时空的尽头，会发生某种超出我们想象的"创造性破坏"，也未可知。

结 语

我们不相信时间旅行，也不热衷神秘主义，但如果我们能给阿尔伯特·爱因斯坦写一封信，用几段文字告诉他关于引力和黑洞的研究进展，我们会这样写：

亲爱的阿尔伯特，

你是最出色的。几乎人人都知道的那个物理学方程就是 $E = mc^2$。《时代周刊》将你评选为"世纪人物"。关于你的笑话再也没人讲了，因为每个人都知道那并不好笑。尽管我们已经拥有了许多核武器，但我们还没把自己炸飞。事实上，在"二战"结束前投掷的那两颗原子弹是核武器唯一一次被用于杀戮。

如今，我们对广义相对论和黑洞更感兴趣，因为巨大的LIGO探测器成功探测到发生在10多亿年前的一次黑洞碰撞发出的引力波信号。我们写了一本有关黑洞的书，因为我们知道你对施瓦西解非常感兴趣，但或许对它的物理意义不太确定。所以我们想告诉你一些在你离世后的 60 多年中取得的相关进展。

在施瓦西解里存在一个事件视界。一旦你穿过它，除非你的速度超过光速，否则你就再也回不来了。如果你还记得施瓦西解的形式，当半径等于质量乘以牛顿引力常数时，它就会表现出一些奇异性，尤其是度规的时间项（我们现在称之为时移函数）消失了，而那正是事件视界的所在。当半径趋于零时，施瓦西解也会表现出一些奇异性，我们最好的理解就是它们标志着一个时空奇点，人类已知的物理定律在那里会彻底失效。如果你进入一个施瓦西黑洞，你肯定会碰到奇点，但我们不知道接下来会发生什么，甚至用"接下来"这个词是不是合适，也值得商榷。

我们多么希望你能看到在你过世后的 20 多年里广义相对论研究工作的进展。约翰·惠勒是其中的核心人物。（我们跟他熟识！他和我们同在普林斯顿大学工作，直到 2008 年他离开了这个世界。）他让"黑洞"这个描述施瓦西解及其度规的词变得流行。一位名叫罗伊·克尔的新西兰人找到了施瓦西度规的一般化形式，用于描述旋转黑洞。这是一种相当复杂的度规！更重要的是，它描述了坍缩恒星的终态，它们总有一些非零的角动量。

我们现在十分确信宇宙中有很多黑洞。钱德拉塞卡、托尔曼、奥本海默和沃尔科夫等人早在20世纪30年代就说过，如果你把太多的质量放到一起，就没有什么能够支撑住它们。具体的数字难以估算，但如果一颗恒星在核燃料耗尽后还剩下3倍的太阳质量，它将会坍缩成一个黑洞。更令人惊奇的是，在星系中心还有更大的黑洞。比如，银河系中心就有一个约为400万倍太阳质量的黑洞。我们没有开玩笑！现代的观点一致认为，许多星系的中心都有很大的黑洞，它们的质量甚至达到太阳的几十亿倍。我们现在尚不清楚这些黑洞是怎么形成的，但就银河系而言，通过观测一些恒星的轨迹和黑洞的引力效应，我们相信银心确实存在黑洞。

LIGO探测到引力波实在是一项了不起的成就。LIGO是一台巨大的迈克耳孙干涉仪，每条干涉臂有4千米长。LIGO的全称是激光干涉引力波天文台。就激光本身而言，它们是神奇的单色光源，聚焦好、功能强，我们可以用它们来焊接金属。它们也很便宜，我们在现代唱片机上用它们来替代针头。尽管我们还没有制造出能飞的汽车，但激光已得到了广泛使用。总之，LIGO的建造就是出于严谨的科学目的，且偶然捕捉到了正好经过的完美引力波，它们的波形与描述两个黑洞合并的模板相匹配，每个黑洞都约有30倍的太阳质量。全世界再次为广义相对论而折服，因为它成功描述了黑洞附近的强场区，在那里时空被撕扯成碎片；它也描述了远场区，在那里引力波是穿越时空的最轻柔的啁啾。

你的另一个取得很大进展的思想是宇宙常数。尽管你曾说它是你最大的失误，但我们现在认为那是你对场方程做出的一个小修正。实际上，它在大的长度尺度上很重要：除非宇宙中所有能量的70%来自宇宙常数的贡献，否则，天文学家将无法解释膨胀的宇宙的近期演化。有时我们称之为"暗能量"，因为两者的行为非常相似。宇宙常数并不像你最初引入它时设想的那样（让宇宙保持静态），暗能量其实正在让宇宙沿着指数增长的道路膨胀。从另一个方面考虑，寻求统一理论引发了关于有负宇宙常数的时空的大量研究。包含负宇宙常数的五维广义相对论会与量子理论在四维时空的边界上自然地连接起来，这在很大程度上表明量子理论是广义相对论的一个投影。

我们现在确信量子理论是正确的。（非常抱歉。）一位名叫史蒂芬·霍金的英国物理学家指出，量子理论证明黑洞能够发出辐射，尽管温度很低。黑洞也有巨大的熵，与你的场方程的解一样都是十分独特的。或许下面的消息会让你感觉很棒，你和波多尔斯基、罗森写的论文现在看来非常重要。今天，人们正在尝试制造量子计算机，他们依据的主要理论就是你们的那篇论文。

尽管普林斯顿大学的许多教授现在上班都不打领带了，但我们大多数人还会穿上袜子。卡内基湖美丽依旧，不过那里再也看不到许多船员了，湖边还多了一个鹰巢。我们尚未推导出统一场论，但我们一直在努力。最好的尚未到来。

译后记

很高兴看到我们翻译的 *The Little Book of Black Holes* 的简体中文版终于出版，这是我很喜欢的一本书。

翻译此书的初衷是带有一些私心的。我自己从事黑洞研究，而且指导学生做相应的研究。学生需要一本相对简单、全面、权威且包含学界研究最新进展的黑洞入门读物，这本篇幅精炼的书完全满足了我的这些需求，所以接到这本书的翻译邀请时，我就欣然答应了。

黑洞是宇宙间最为简单却又极为神秘的一类天体，这本书介绍了黑洞的发现历史、基本知识，以及它的研究现状和最新进展。牛顿提出的万有引力定律，可以说是人类认知史上的一个巅峰之作，黑洞概念的雏形就是由 18 世纪的数学家拉普拉斯在牛顿定律的基础上提出来的。然而，对于黑洞的现代描述却建立在爱因斯坦的广义相对论的基础之上。在广义相对论提出的几个月之后，当时身处俄国前线的德国物理学家卡尔·施瓦西依然心系科研，在战壕之中推导出爱因斯坦场方程的第一个黑洞解，它描述了不旋转黑洞周围的时空结构。不幸的是，因为身染重疾，几个月后施瓦西就不幸离世了。为了纪念施瓦西的重要贡献，后人将此解命名为施瓦西解。

宇宙间的天体通常都有自旋，然而，更符合实际情况的克尔解让人们等待了将近50年。20世纪60年代初，爱尔兰数学家罗伊·克尔推导出旋转黑洞的精确解，这也是对宇宙间普遍真实存在的黑洞周围时空的理论描述。就在同一时期，随着X射线天文学的出现与兴起，天鹅座X–1——第一个后来被确认为黑洞的系统——被观测到，作为20世纪60年代的四大天文学重大发现之一的类星体，在后来也被确认与超大质量黑洞有关。这些理论和观测的发展齐头并进，激发出物理学家和天文学家的研究兴趣与热情，自此，关于黑洞的研究进入了黄金时期。我们现在知道的大部分关于黑洞的知识和问题都是在20世纪六七十年代完成的，约翰·惠勒、基普·索恩、史蒂芬·霍金等物理学家和天文学家是这一黄金时期的代表人物。

在关于单个黑洞的研究趋向成熟之际，黑洞研究的热点逐渐转向了双黑洞的合并及其产生的引力波，这也是伴随着计算机技术的日臻成熟而发展起来的。索恩教授是这方面的先行者，他不仅大力发展用于探测引力波的地面装置，也建立了团队开展相对论数值模拟，为两个黑洞的合并过程建模。

从 20 世纪 90 年代筹建地面设备开始，经过一次大规模的设备升级，2015 年 9 月 14 日，LIGO 探测到了距离地球 10 亿光年的引力波。这一年恰好也是广义相对论发表 100 周年，此时发现引力波极具纪念意义。2016 年 5 月起，欧洲的 Virgo 探测器也开始运行。透过引力波，科学家又一次发现了一些前所未见的天体，比如不仅发现了大量的大质量恒星级黑洞，还首次发现了质量大于 100 倍太阳质量的中等质量黑洞。在几年内探测到的黑洞数目，已经超过了电磁波所探测到的黑洞数目。截至 2023 年 1 月，科学家们已经利用相应的设备探测到了约 100 个事件。引力波的直接探测对爱因斯坦相对论的再次验证，让我们不禁感慨爱因斯坦的伟大，也为人类探索宇宙打开了一个全新的窗口。这些新的发现不断改变着我们对宇宙天体的认识，所以作为 LIGO 项目的领军人物，麻省理工学院的雷纳·韦斯、加州理工学院的基普·索恩和巴里·巴里什三人喜获 2017 年诺贝尔物理学奖。

这些历史故事都穿插在这本书的各章中。除此之外，对于大家好奇的暗星、时空旅行等问题，这本书也都有提及。需要说明的是，这本书不仅适合对黑洞知识感兴趣的学生，也适合想更多地了解黑洞却没有专业背景的读者。在这本书的翻译和校对过程中，我就某些疑难问题请教了我的同事、国家天文台的陆由俊老师，在此表示衷心感谢。这本书经过译者和编辑的共同努力，希望能够把最好的内容呈现给读者。

愿读者通过阅读此书，能够对宇宙中的神秘天体多一分了解、少一分困惑，扩展自己的知识疆域。

是为译后记，纪念辛苦的翻译和不易的出版。

苟利军

2018 年 9 月

2023 年 1 月改